はじめに
望月俊昭

　教室の一風景．
　図形の問題を解いている生徒に近寄ると，図に小さく書き込んでいる数字を隠そうとしてか，手がビクっと動く．
私　：こらッ，オヌシ．何を隠そうとする？
生徒：いや，その…．
私　：スポーツでも音楽でも，指導を受けている先生に「今投げるから見ないで」とか「今弾くから耳ふさいでいてぇ」などという生徒がいるか！

　オヌシ，何か後ろめたいことがあるのか，と問いただせば，もちろん，何もありませんと答える．
　この返事はウソということもあり，ウソではない，ということもある．
　テストで困った時にいつも試みる解決策，すなわち答えらしき数値をアテ勘で探すという必殺わざを駆使している現場を目撃されたのかもしれない．
　まちがった考え方，まちがった式，まちがった計算，まちがった答えを先生に見られたくない，という思いがあるのかもしれない．後ろめたくはないが，まちがっていると恥かしい，または「こんなのができないのか」と思われるのがイヤだ…という気持ちがあるのかもしれない．
　答えだけ書けばよい数学のテストで，アテ勘の答えを書いておくという行為は特別非難されるべきことではない．大いにすればよいとは言わないが，してはいけない理由はない．ただし，自分のためにならないことはしない方がよいという意味で，普段の勉強では封印し，そのような行為はテストのときに限定すべきである．
　図形問題で，その角度や長ささえ分かれば…，という状況で，苦し紛れにアテ勘の数値を図に書き込んだ瞬間から，それ以降の時間がすべて無駄になってしまう．
　教師の目から答案を隠そうとする仕草がプラスなことは何もない．思考が中断するというマイナス面もあるが，問題はそんなことではない．まちがえるのがいけないという意識が，いけない．
　気持ちはわかるが，意識を変えるべきだ．
　まちがえない人間はいない．
　大学受験に向かう高校生に向けて，数学者森毅は次のようなメッセージを発信し続けた．

➢ 誤りはなにより必要で，どこを誤ったか，なぜ誤ったか，それを大事にしなくては，実力は絶対につかない．
➢ 数学を得意にする秘訣は自分の誤りとなかよくすることだ．
➢ 自分の誤りに学ぶ以外，数学の力をつける機会はない．
➢ 自分のまちがいを大事にしないようでは，いくら勉強しても力はつかない．
（森毅『居直り数学のすすめ』講談社文庫＜古書＞）

受験生は，かみしめるべきだ．
自分のまちがいを大事にしないようでは，いくら勉強しても力はつかない．

　まちがいは恥ではない．まちがいは，自分をより高いレベルへと引き上げるチャンスの塊なのだ．
　まちがいと正しく向き合うことこそが，自分を高める最良の道なのである．まちがいから学ぶ心があれば，人はまちがえた分だけできるようになる．

本書の利用法

前置きその1
◇この本は，高校受験で志望校合格をめざしている人を対象にして，受験数学の基本・応用レベルのポイントを整理したものです．
◇本書を手にして，知らないことが多いと感じる人と，知っていることが多いと感じる人がいるはずです．また，同じ人でも，手にする時期によってその印象は大きくちがうことになります．また，手にする時期だけでなく，それまでの学習内容（範囲，難易度なども含め）のちがい，塾に通っているか否か，通っているとして，その塾が集団指導か個別指導か，など．さらに，学校や塾で受ける授業が，数学の重要事項や解法のポイントを強調してくれる授業であるか否かなど，受験生をとりまく環境は大きくちがいます．
◇1冊の受験参考書や問題集がすべての受験生に同じように役立つわけではない，というのと同様，本書の効用は様々で，本書の利用法も様々…と思います．

前置きその2
◇数や図形に関する基本事項を知らなかったり忘れていれば，思考力は役立ちません．また，解法のツールもあいまいでは入試で使い物になりません．
◇解法のツールを蓄積していくときに大事なのは，使えるように蓄積する，ということです．何冊もあるノートや膨大なプリントの中に埋もれていては意味がありません．＜必要なときにサッと取り出せる＞ようにためていくことが不可欠です．
◇では，必要なときにサッと取り出すためには，どうすればよいか．たくさんの小箱を，すぐ取り出せるように大きな箱に収納するときに人はどんな工夫をするか．ポイントは，何によって瞬時に見分けるのか，ということです．
① つけられた名前から，見分ける．
② 大きさ・形・色などから，見分ける．
などが基本となります．
これを，受験数学の重要事項の整理にいかに活用するか．

前置きその3
◇図形分野が得意な人は，頻出図形の多くが頭の中に収納されています．そして，収納されている図形データが頭の中にイメージとしてすでに用意している状態で，目の前の図形問題を見ているのです．世界の国旗大好き少年は，3分の1ぐらい図柄が欠けている国旗の国名を，自分の頭の中にある膨大な国旗イメージ群から似たような柄を瞬時に数点選び出して比較し言い当てます．図形ができる人の頭の働きは，これに似ています．
◇数式分野が得意な人は，こういう式はこのように変形して簡単にするという操作方法が，他の人以上にしっかり頭に入っています．分数で割るときは逆数をかけるという操作を，考えながら，またや迷いながらするわけではありません．いろいろなタイプの＜こういうときはこうする＞操作をマスターしているのです．
◇関数分野および確率分野は図形分野・数式分野をたして2で割ったようなもので，中間的な位置にあります．
関数問題を解くためには，発想・着眼というより，重要事項に関する知識と数式処理の技術が不可欠です．逆にいえば，それらを習得すれば，頭の良し悪しに関係なくできるようになる，ということです．
確率分野は，受験生にとってとても厄介な分野です．この分野は，いろいろな問題にあたって，経験を積むということなしには，できるようになりません．受験生の多くが，正答率が低い状態からスタートして徐々に理解を深めコツをつかんでいく，というように学びます．まちがえることを怖れてはいけません．＜まちがえながら学ぶ＞分野の代表で，何をどうまちがえたかを確認することが大切です．
賢くなくてもできるようになる関数分野と，賢くてもまちがえる確率分野は，賢さが決め手とならない，受験数学の中でも最も受験数学的な分野であるといえます．何が受験数学的か．それは，数学者が取り組む数学とはまったく別の，＜勉強すればできるようになる数学＞ということです．

本書を使うにあたって

◇本書の活用のポイントについて

〔その1〕 基本性質を確認する．
〔その2〕 方法を確認にする．

〔1〕 その性質を利用して解くという**基本性質**

例）「直交条件」
「面積を二等分する直線」など

問題を解くために欠かせない基本性質は常に確認すべきです．必要性を感じたものについては，マーカーなどでチェック（線を引く，枠で囲む，近くに自分の文字を書き添える）してください．

〔2〕 こういうときはこうするという**方法・発想**

例）「座標平面に置く」
「余事象を利用する」など

どのような方法，どのような発想で，今問われている問題を解決していくか．こういうときは普通こうするという方法・発想をいつでも使用可能は状態に保っておくことが必要です．

基本性質やきまりきった方法・発想が完全に頭に入るまで，見た瞬間に「あっ，そうだった！」と目で確認できるように整理しておくべきでしょう．

◇自分専用にチューンアップする

▷チューンアップ…手を加えて性能をよくする

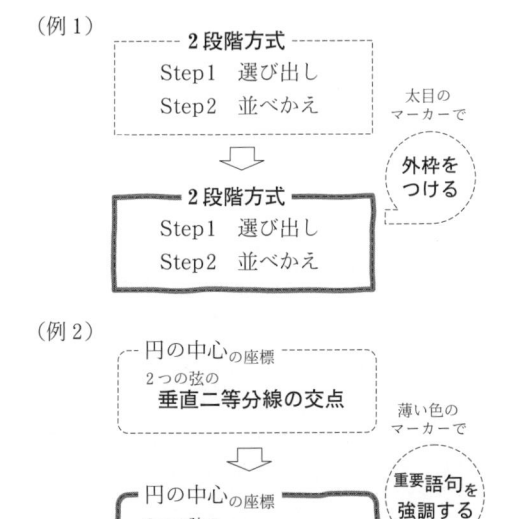

（例1）
```
-- 2段階方式 --
  Step1  選び出し
  Step2  並べかえ
```
太目のマーカーで

⇩

```
┌── 2段階方式 ──┐
│  Step1  選び出し │
│  Step2  並べかえ │
└──────────────┘
```
外枠をつける

（例2）
```
-- 円の中心の座標 --
  2つの弦の
  垂直二等分線の交点
```
薄い色のマーカーで

⇩

```
円の中心の座標
  2つの弦の
  垂直二等分線の交点
```
重要語句を強調する

本書の文字や解法のポイントなどは黒の単色で，カラー刷りではありません．みなさんが自分で必要に応じて色をつけてください．

自分用チューンアップのポイントは————，

＜これぞポイント中のポイントだ＞

と感じた事柄を…，

⇨ 枠に太目のマーカーで色をつける
⇨ 文字で示されたポイントを強調する

自分にとって必要と感じた事柄については，次回ハンドブックを開いたときに目にパッと飛び込んでくるように手を加え，自分専用の数学ハンドブックへと改良してください．

⇒**書き込むときの文字の工夫**

本書では，上付き文字・下付き文字を多用しています．みなさんも，ぜひ使ってください．

（例）相似がテーマの**基本図形**
　　　　　　　↑
　　　　　上付き文字

⇒**付箋をつける工夫**

自分にとっての重要度によって，付箋の貼り方を変える．

決定的に重要…はみ出しを長め
それなりに重要…はみ出しを短め（など）

⇒**マーカーを使う工夫**

自分にとっての重要度　最大　→　太く
　　　　　　　　　　　やや大　→　細く

◇何度も見ることを前提に

人間は，コンピューターとちがって忘れる動物であるということを前提に，取り組む必要があります．

▶ 忘れるのを前提に，何度も見る．
▶ 立ち寄ったとき，その足跡を残す．

文字でなくてもよい．
いたずら書きでもよい．
ライバルの彼に勝った！(7/12)など．
立ち寄った回数（何回目か）を
1回目→T，2回目→TT　…など．
——Tは自分のorカレ(カノジョ)のイニシャル？——

◇索引も，自分用に追加する

本書の最後に「索引」があります．必要であれば，みなさんが自分で補ってください．「索引」ページの空欄に，書き留めておくべきだと思う事柄を書いていってください．

　　＊　　　＊　　　＊　　　＊　　　＊

目　次

はじめに	1
本書の利用法	2
第1部　関数	7 ～ 57
［1］座標平面	8
［2］1次関数	12
［3］2次関数	20
［4］座標平面上の図形	28
テーマ別重要事項のまとめ	
［1］$f(x)$	38
［2］いろいろなグラフ	42
［3］座標平面上の円	46
［4］道具としての座標	50
［5］座標平面上の円と放物線	54
第2部　確率	59 ～ 89
［1］場合の数	60
［2］確率	76
テーマ別重要事項のまとめ	
かく乱順列	88
第3部　数列	93 ～ 109
［1］いろいろな数列	94
［2］数列を見抜く	102
索　引	114 ～ 119
あとがき	120

コラム①　困難は分割せよ：デカルト	75
コラム②　同じ誕生日の人がいる確率	90
コラム③　宝くじ：この絶望的「確からしさ」	91
コラム④　「ファレイ数列」という数列	92
コラム⑤　数学という科目：経験が難易度を変えていく	110
コラム⑥　人間は考える○○である	112

第1部 関数

▶ 関数

[1] 座標平面

関数って超大事なテーマなの？

中学の数学で初めて本格的に登場する「関数」と「座標平面」は，高校受験，大学受験での最重要テーマの一つになっていきます．まず，「関数」であるものとそうでないものの区別を確認することから始まります．あとは，座標平面での用語と，＜中点の座標＞の意味を確認してください．

▷基本性質 [1]

1-1-1　用語 その1　「関数」

　　　|y は x の関数| とは…

　　ともなって変わる2つの数量 x, y があり，
　　　〈x の値が決まると，その x の値に対応して y の値がただ1つ決まる〉#とき，
　y は x の関数という．

☞「ただ1つに決まる」か否かの判定….
　　── 次の①～⑨で，「ただ1つに決まる」とはいえないのは？
　① 「整数 x を2倍すると整数 y になる」
　② 「x の絶対値を y とする」
　③ 「絶対値が x となるような数を y とする」
　④ 「x の平方(2乗)を y とする」
　⑤ 「x の平方根を y とする」
　⑥ 「時速 a(定数)km で x 時間走行するときの走行距離を $y$km とする」
　⑦ 「時速 a(定数)km で $x$km 走行するときの走行時間を y 時間とする」
　⑧ 「同じ条件下で $x$km 走行したときのタクシー料金を y 円とする」
　⑨ 「同じ条件下でタクシー料金を x 円払うときの走行距離を $y$km とする」

　　[判定]　③，⑤，⑨
　　　③：(例)　絶対値が1である数は+1と-1(2つある)．　⎫
　　　⑤：(例)　4の平方根は+2と-2(2つある)．　　　　　⎬ 1つに決まらない！
　　　⑨：料金がわかっても走行距離は特定できない．　　　⎭

#を別の言葉で表現すると….
　　〈x の値(1つでも多数でも)に対し，y の値が1つ対応する〉ということになる．このうちの〈x の1つの値に対し y の1つの値が対応する〉場合を「1対1対応」といって，高校数学を学ぶ上で極めて重要な概念になる．

x と y の対応が
「多対1」
「1対1」の場合
だけが
「y は x の関数」となる

1-1-2 用語その2 「変数」・「定数」

── ともなって変わる2つの数量 x, y があるとき ──
▷いろいろな値をとる文字 x, y ……… **変数**
▷一定の数・一定の数を意味する文字… **定数**
} という．

(例)   定数
$y = 2x$ 2
$y = -\dfrac{1}{3}x + 2$ $-\dfrac{1}{3}, 2$
$y = ax^2$ a

1-1-3 用語その3 「変域」・「定義域」・「値域」

変域… 変数のとりうる値の範囲のこと
とくに y が x の関数であるとき
$\begin{cases} x \text{の変域のことを,} \text{定義域} \\ y \text{の変域のことを,} \text{値域} \end{cases}$ という．

(例) $y = \dfrac{1}{2}x + 3 \; (-1 \leq x \leq 2)$
        ↑
        定義域

▷基本性質 2

1-2-1 x と y の関係その1：比例を表す式

$y = ax \;(a \text{ は定数})$ [a を比例定数という] $\left[x \neq 0 \text{ のとき } \dfrac{y}{x} \text{ は一定} = a \text{（比例定数）} \right]$

y が x の関数で x と y がこのような式で表されるとき，〈y は x に比例する〉という．

(例) $y = 2x$

x	…	-2	-1	0	1	2	3	4	…
y	…	-4	-2	0	2	4	6	8	…

2倍, 3倍, 4倍 → 常に (y は x の) 2倍

☞ 比例を表す式では，比例定数 $\neq 0$ とする．比例定数が負になることもある．
 (例) 「y は x に比例していて，$x = 2$ のとき，$y = -6$ である．」
   → 比例定数を a として，$y = ax$ とする．
   → $-6 = a \times 2$ より，$a = -3$ ∴ $y = -3x$ （比例定数は-3）

1-2-2 x と y の関係その2：反比例を表す式

$y = \dfrac{a}{x} \;(a \text{ は定数}, x \neq 0)$ [a を比例定数という] $\left[x \text{と} y \text{の積} \; xy \text{ は一定} = a \text{（比例定数）} \right]$

y が x の関数で x と y がこのような式で表されるとき，〈y は x に反比例する〉という．

(例) $y = \dfrac{6}{x}$

x	…	-2	-1	0	1	2	3	…
y	…	-3	-6		6	3	2	…

2倍, 3倍 → 常に (x と y の) 積が 6

☞ 反比例を表す式の場合も，比例定数 $\neq 0$ とする．比例定数が負になることもある．
 (例) 「y は x に反比例していて，$x = -3$ のとき，$y = 4$ である．」
   → 比例定数を a として，$y = \dfrac{a}{x}$ とする．
   → $4 = \dfrac{a}{-3}$ より，$a = -12$ ∴ $y = -\dfrac{12}{x}$ （比例定数は-12）

▷基本性質 ③

1-3 座標 & 座標平面

変化する1つの数量の変化を追う → 1本の数直線で…

変化する2つの数量の変化を追う $\begin{bmatrix} x の変化 \to x に対応する数直線で… \\ y の変化 \to y に対応する数直線で… \end{bmatrix}$

　　　　　（ということから）

▷ x の変化を〈横の数直線〉——x 軸という——で ｝表すことにする．
　y の変化を〈縦の数直線〉——y 軸という——で

▷ この2本の数直線を，垂直に交わるように引き　　［表し方①］
　その交点を O とし，「原点」ということにする．
　　☞ x 軸と y 軸を合わせて「座標軸」という．座標軸
　　　の交点が原点(O)ということになる．
　　　x 軸の+方向→を表す矢印 ｝をつける．
　　　y 軸の+方向↑を表す矢印

　　　矢印をつけ y を書きそえる
　　　O と書く
　　　矢印をつけ x を書きそえる

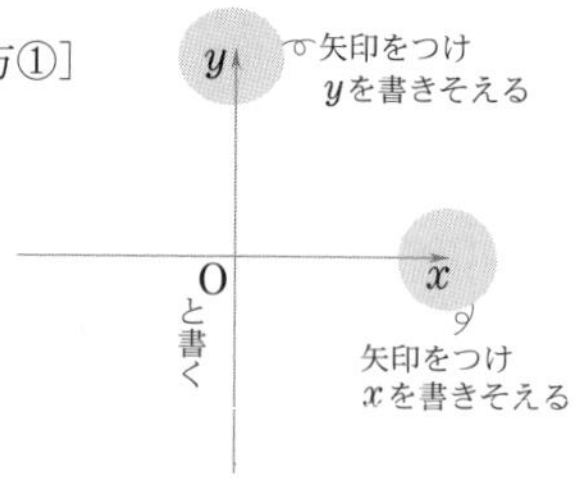

▷ x と y の値を，平面上の点の位置に対応させる．
　（例1）「$x=4$, $y=3$（x が4のとき，y は3）」を
　　　「(4, 3)」とし，「4 カンマ 3」と読む．
　　　(4, 3)は，右図の点 P の位置となる． 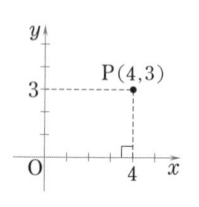
　ここでは，点 P の位置が2本の直交する数直線上の
　目盛り（x 軸上の目盛りと y 軸上の目盛り）によって
　表されている．
　　　P の位置を示すこの( )つきの目盛り(4, 3)を P の 座標 という．
　　　　さらに　$\begin{matrix} 4 \text{ を P の } x\text{ 座標} \\ 3 \text{ を P の } y\text{ 座標} \end{matrix}$ ｝という．

　　　　　　　　P の座標
　　　　　　　P(a, b)
　　　　　　　P の　P の
　　　　　　　x 座標　y 座標

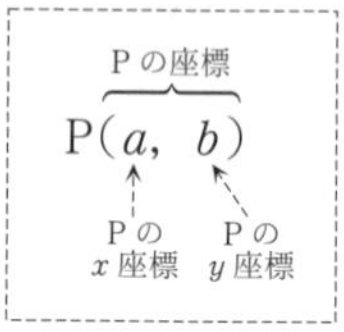

　（例2）「$x=-3$, $y=-4$」を表す$(-3, -4)$は，
　　　右図の点 Q の位置になる．

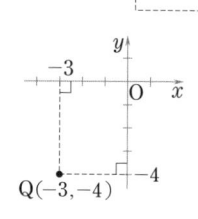

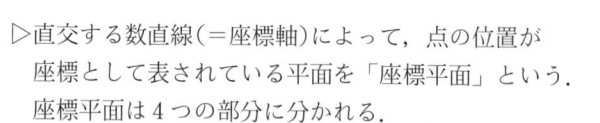

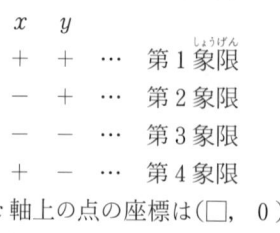

▷ 直交する数直線(=座標軸)によって，点の位置が
　座標として表されている平面を「座標平面」という．
　座標平面は4つの部分に分かれる．
　　　x　y
　　　$+$　$+$　… 第1象限
　　　$-$　$+$　… 第2象限
　　　$-$　$-$　… 第3象限
　　　$+$　$-$　… 第4象限
　　☞ x 軸上の点の座標は($\square$, 0)　｝となる． 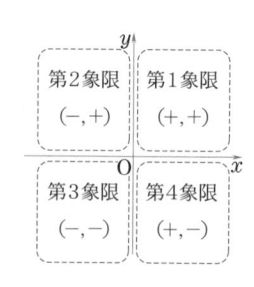
　　　y 軸上の点の座標は(0, $\square$)
　　　原点 O の座標は(0, 0)

第2象限	第1象限
$(-, +)$	$(+, +)$
第3象限	第4象限
$(-, -)$	$(+, -)$

▶基本性質 ④

1-4 中点の座標

座標平面上の2点 A(a, b), B(c, d) の中点を M とする

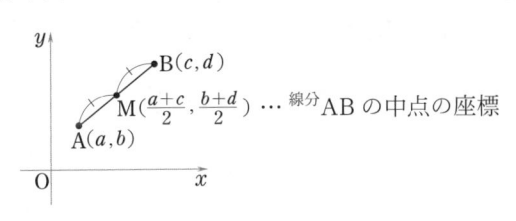

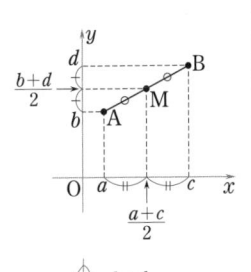

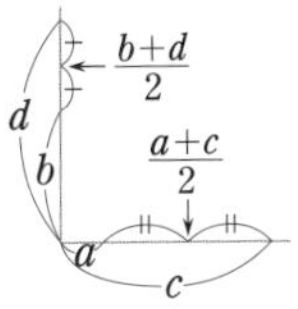

M$\left(\dfrac{a+c}{2}, \dfrac{b+d}{2}\right)$ … 線分 AB の中点の座標

(例) 次の2点を結ぶ線分の中点の座標は…

① A$(4, 3)$, B$(2, 1)$ → $\left(\dfrac{4+2}{2}, \dfrac{3+1}{2}\right)$ より $(3, 2)$

② A$(-3, 5)$, B$(2, -8)$ → $\left(\dfrac{-3+2}{2}, \dfrac{5-8}{2}\right)$ より $\left(-\dfrac{1}{2}, -\dfrac{3}{2}\right)$

1-5 座標平面上の 線分の比

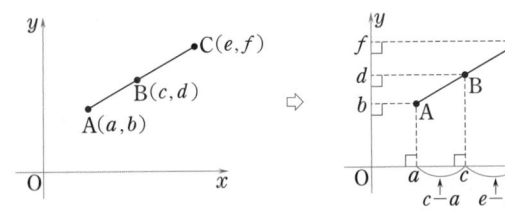

AB : BC = ?

〈線分の比〉を…

AB : BC = $(c-a) : (e-c)$

または

AB : BC = $(d-b) : (f-d)$

〈x軸上の比〉または〈y軸上の比〉に

☞座標が負であっても同じ作業になる.

(例) A$(-3, 2)$, B$(-1, 3)$

※ = 大 − 小
　 = $-1-(-3)$
　 = 2

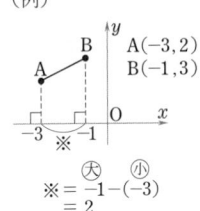

▶応用テーマ ❶

1-1 線分を分ける点の座標

2点 A, B を結ぶ線分 AB を $m : n$ に分ける点を P とする

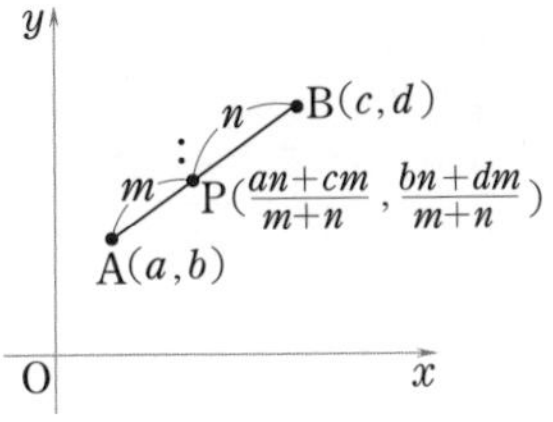

P$\left(\dfrac{an+cm}{m+n}, \dfrac{bn+dm}{m+n}\right)$

◀覚えようと思わずに, サッと出せるようにしておくこと. y座標についても確認.

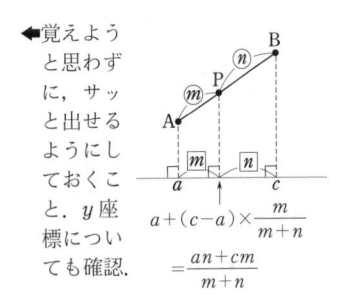

$a+(c-a) \times \dfrac{m}{m+n}$

$= \dfrac{an+cm}{m+n}$

▶関数

［2］1次関数

＜傾き＞と文字の操作が決め手…

「1次関数」から本格的な座標平面がスタートします．何はともあれ＜傾き＞に慣れること．次に，直線の交点や，平行・直交などの性質を確認した後，座標，傾き，切片，長さ，面積などを文字で表す操作に慣れること．この操作のコツをつかめれば，関数問題が流れ作業で解けるようになるはずです．

▷基本性質 ①

2-1-1　1次関数の性質

＜1次関数とは＞
　y が x の関数であり（**1-1-1**），
　y が x の1次式で表されるとき
⇒ y は x の1次関数であるという

＜1次関数の一般形＞

$$y = ax + b \quad (a, b \text{ は定数})$$

　　　└ 変化の割合 を表している．

変化の割合
$$= \frac{y \text{ の増加量}}{x \text{ の増加量}}$$

1次関数の場合…
⇒ 変化の割合 $= a$（一定）である．

※ $b=0$ のとき，$y=ax$ となる．
　$y=ax$ は，「y は x に比例する」という関係式で，1次関数の一部（特別な場合）ということになる．

（例1）　$y = 2x + 3$　　変化の割合 $= 2$
＜確認＞

x	…	-1	0	1	2	3	…
y	…	1	3	5	7	9	…

x：$-1 \to 0$（$+1$），$1 \to 3$（$+2$）
y：$1 \to 3$（$+2$），$5 \to 9$（$+4$）

○ x の変化　$-1 \to 0$
　y の変化　$1 \to 3$　　変化の割合 $= \dfrac{2}{1} = 2$

○ x の変化　$1 \to 3$
　y の変化　$5 \to 9$　　変化の割合 $= \dfrac{4}{2} = 2$

（一定）

※右の（例2）は，
　x が -1 から 1 まで変化する
　（2増加する）とき，
　y は 3 から -1 まで変化する
　（4減少する＝-4増加する）
　　　　　　　　ということ．

（例2）　$y = -2x + 1$　　変化の割合 $= -2$
＜確認＞

x	…	-1	0	1	2	3	…
y	…	3	1	-1	-3	-5	…

x：$-1 \to 1$（$+2$），$2 \to 3$（$+1$）
y：$3 \to -1$（-4），$-3 \to -5$（-2）

○ x の変化　$-1 \to 1$
　y の変化　$3 \to -1$　　変化の割合 $= \dfrac{-4}{2} = -2$

○ x の変化　$2 \to 3$
　y の変化　$-3 \to -5$　　変化の割合 $= \dfrac{-2}{1} = -2$

（一定）

2-1-2　1次関数のグラフ

＜グラフを決定する2つの要素＞

[Ⅰ]　傾き a ＝変化の割合

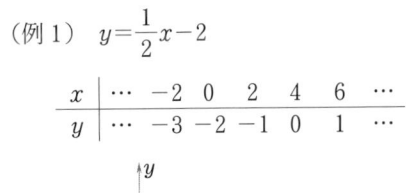

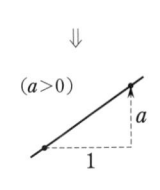

一定の変化の割合 → プラスのとき / マイナスのとき

（1次関数が表す直線は…）　a（プラス）右上がり　／　a（マイナス）右下がり

$a>0$ … 右上がり　　$a<0$ … 右下がり

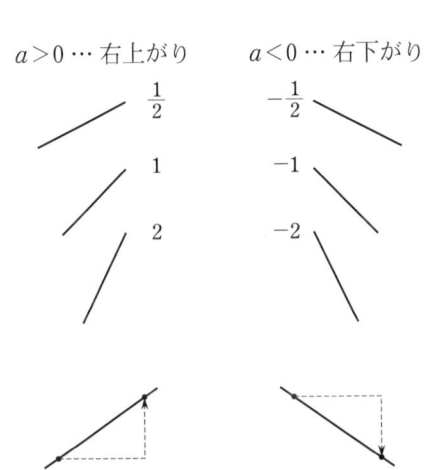

$\frac{1}{2}$　　　$-\frac{1}{2}$

1　　　-1

2　　　-2

x が増えると y が増える　　　x が増えると y が減る

⇓　　　⇓

$(a>0)$　　　$(a<0)$

x が1増える間に y は a 増える　　　x が1増える間に y は a 増える

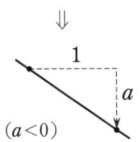

（例1）　$y=\dfrac{1}{2}x-2$

x	…	-2	0	2	4	6	…
y	…	-3	-2	-1	0	1	…

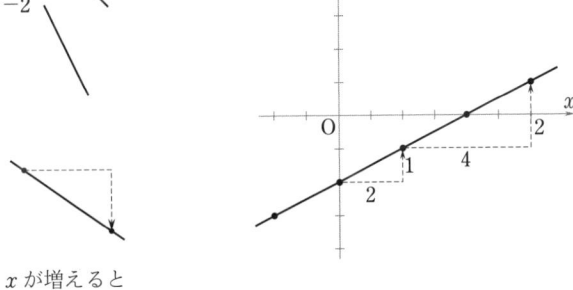

（例2）　$y=-\dfrac{1}{2}x+2$

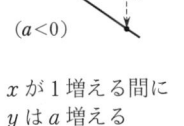

x	…	-2	0	2	4	6	…
y	…	3	2	1	0	-1	…

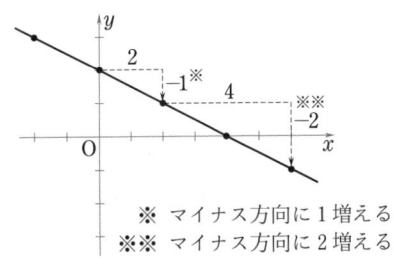

※　マイナス方向に1増える
※※　マイナス方向に2増える

（例3）

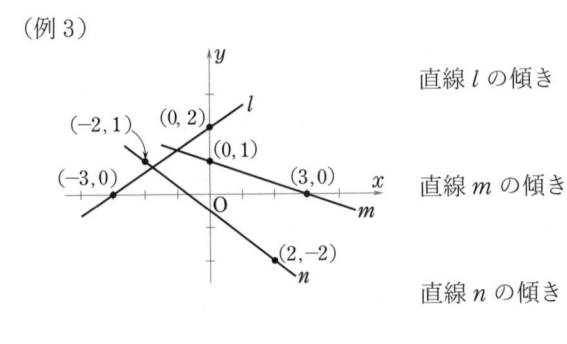

直線 l の傾き　　$\dfrac{2}{3}$

直線 m の傾き　　$-\dfrac{1}{3}$

直線 n の傾き　　$-\dfrac{3}{4}$

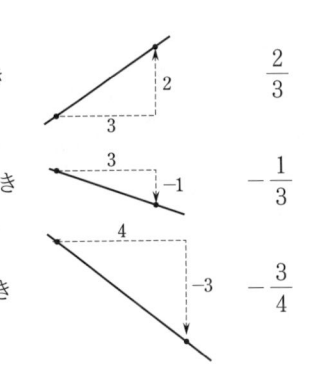

［Ⅱ］ y切片 $b = y$軸との交点

☞ y切片のことを「切片」ということもある．
$\begin{bmatrix} x\text{軸との交点} \to x\text{切片} \\ y\text{軸との交点} \to y\text{切片} \end{bmatrix}$
$y=○x+□$という形で表された1次関数について，「傾きが…，切片が…」と表現されるときの「切片」は，y切片を指す．

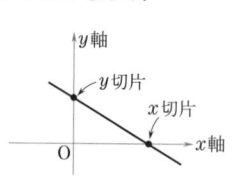

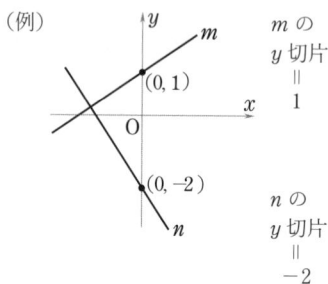

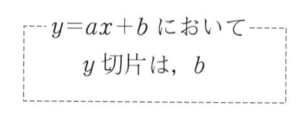

（例）

m の y切片 = 1

n の y切片 = -2

$\boxed{y=ax+b \text{において} \\ \quad y\text{切片は，}b} \iff y=ax+b \text{に} \\ x=0 \text{を代入したときの}y\text{の値}$

y切片

（例） ○ $y=-\dfrac{3}{4}x-2$　　　　-2

　　　○ $y=\dfrac{x+3}{2}$　　　　$\dfrac{3}{2}$　←　$x=0$を代入　$y=\dfrac{0+3}{2}=\dfrac{3}{2}$

　　　○ $3x-4y=1$　　　　$-\dfrac{1}{4}$　←　$3\times 0-4y=1$より，$y=-\dfrac{1}{4}$

▷基本性質 ②

2-2-1 直線の式を求める

［1］ 傾き・y切片から　　　　　　　　　　　　　（直線の式）

（例） 傾き $-\dfrac{1}{2}$ で，y切片 -3 の直線　→　$y=-\dfrac{1}{2}x-3$

［2］ 傾き・1点の座標から

（例） 傾き $\dfrac{3}{4}$ で，$(-1, -2)$を通る直線　→　$y=\dfrac{3}{4}x-\dfrac{5}{4}$

⇨ $y=\dfrac{3}{4}x+b$として，$(-1, -2)$を代入．$-2=\dfrac{3}{4}\times(-1)+b$より，$b=-\dfrac{5}{4}$

［3］ y切片・1点の座標から

（例） y切片 -2で，$(3, -4)$を通る直線　→　$y=-\dfrac{2}{3}x-2$

⇨ $y=ax-2$として，$(3, -4)$を代入．$-4=a\times 3-2$より，$a=-\dfrac{2}{3}$

［4］ 2点の座標から

（例） $(1, 2)$，$(-3, 4)$を通る直線　→　$y=-\dfrac{1}{2}x+\dfrac{5}{2}$

＜方法1＞

⇨ $y=ax+b$として，
$\begin{array}{c} \uparrow \quad \uparrow \\ 2 \quad 1 \\ 4 \quad -3 \end{array}$
$(1, 2)$，$(-3, 4)$を代入．$\begin{cases} 2=a\times 1+b \\ 4=a\times(-3)+b \end{cases}$ より，$a=-\dfrac{1}{2}$，$b=\dfrac{5}{2}$

連立方程式を解く

<方法2>

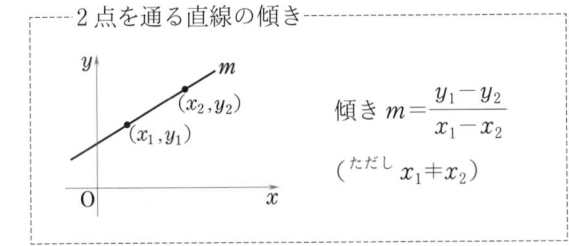

┌─ 2点を通る直線の傾き ─┐
│ 傾き $m = \dfrac{y_1 - y_2}{x_1 - x_2}$ │
│ (ただし $x_1 \neq x_2$) │
└─────────────────┘

⇨ 傾きを求め [2] へ

$\dfrac{2-4}{1-(-3)} = -\dfrac{1}{2}$ … 傾き

$y = -\dfrac{1}{2}x + b$ として,

$2 = -\dfrac{1}{2} \times 1 + b$ より, $b = \dfrac{5}{2}$

∴ $y = -\dfrac{1}{2}x + \dfrac{5}{2}$

☞「yの増加量をxの増加量で割ったもの」が傾きなので,
$m = \dfrac{y_1 - y_2}{x_1 - x_2}$ としても, $m = \dfrac{y_2 - y_1}{x_2 - x_1}$ としても同じ.

$\left(\dfrac{y_1 - y_2}{x_1 - x_2},\ \text{または}\ \dfrac{y_2 - y_1}{x_2 - x_1}\ \text{となっている.} \right)$

2-2-2 x軸・y軸に平行な直線

(その1) x軸に平行な直線

(例) $(-1, 2)$, $(2, 2)$ を通る直線

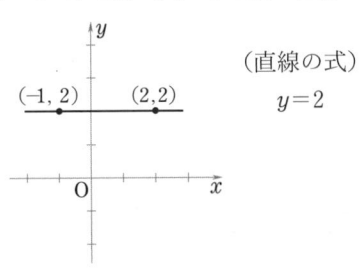

(直線の式) $y = 2$

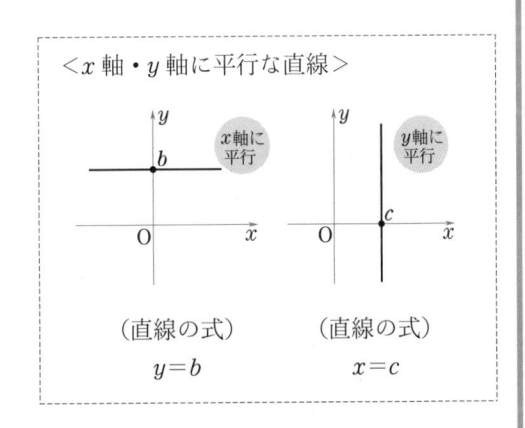

<x軸・y軸に平行な直線>

(x軸に平行) (直線の式) $y = b$

(y軸に平行) (直線の式) $x = c$

(その2) y軸に平行な直線

(例) $(-2, 3)$, $(-2, -1)$ を通る直線

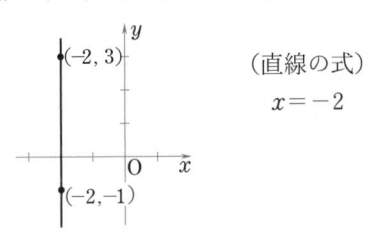

(直線の式) $x = -2$

☞ $y = ax + b$ として, 連立方程式を解くと

(その1)
$\begin{cases} 2 = a \times (-1) + b \\ 2 = a \times 2 + b \end{cases}$ より $a = 0$ 傾き0 (となる)

(その2)
$\begin{cases} 3 = a \times (-2) + b \\ -1 = a \times (-2) + b \end{cases}$ より $3 = -1$? (となる)

このようなことがその2で起こるのは, この直線の式を<$y = ax + b$>としたから. 逆に言えば, 座標平面上の直線には…

<$y = ax + b$>という形で
$\begin{cases} \text{表すことができるもの} \\ \text{表すことができないもの} \end{cases}$

があり, 直線 $x = c$ のタイプは, この, できない例(これのみ)なのである.

☞(その1) xの値が-1でも2でも(つまりxの値にかかわりなく)$y = 2$
——これが直線の式.
(その2) yの値が-1でも3でも(つまりyの値にかかわりなく)$x = -2$
——これが直線の式.

▷基本性質 ③

2-3-1 2直線の関係：交点の座標

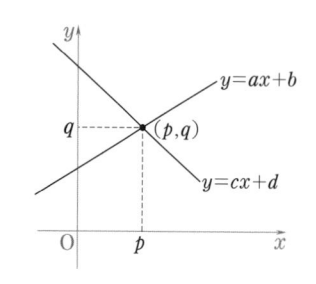

連立方程式 $\begin{cases} y=ax+b \\ y=cx+d \end{cases}$ の 解 $=$ 交点の座標 $\begin{cases} x=p \cdots\cdots x\text{座標} \\ y=q \cdots\cdots y\text{座標} \end{cases}$

（例）

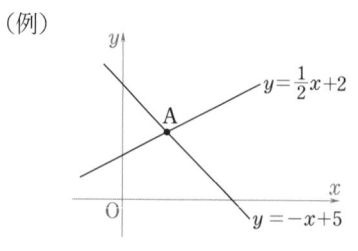

$\begin{cases} y=-x+5 \cdots\cdots ① \\ y=\dfrac{1}{2}x+2 \cdots\cdots ② \end{cases}$

①，②より ── 連立方程式を解いて ──

$\begin{cases} x=2 \\ y=3 \end{cases}$ ∴ A(2, 3)

2-3-2 平行と垂直（直交）

［1］ 2直線が平行

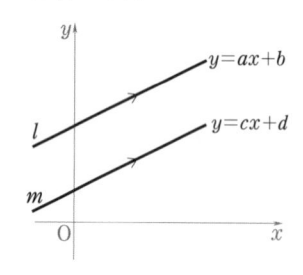

$l \mathbin{/\mkern-2mu/} m \iff a=c$
［平行］　　（傾きが等しい）

（例1）

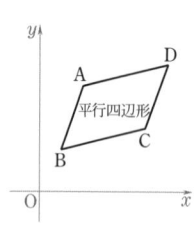

$\begin{pmatrix} \text{AB の傾き} \\ \| \\ \text{DC の傾き} \end{pmatrix}$ $\begin{pmatrix} \text{AD の傾き} \\ \| \\ \text{BC の傾き} \end{pmatrix}$

（例2）

◀数学ハンドブック／図形編
p.16, **3-03**

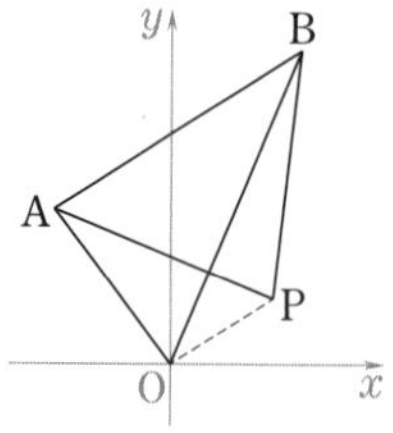

△AOB＝△APB のとき ⟷ AB ∥ OP
⇅
$\begin{pmatrix} \text{AB の傾き} \\ \| \\ \text{DC の傾き} \end{pmatrix}$

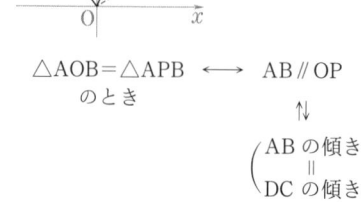

[2] 2直線が**垂直**(直交)

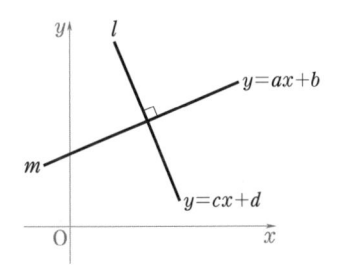

$$l \perp m \iff ac = -1$$
[直交] （傾きの積が -1）

「直交条件」という．

(例) 正方形

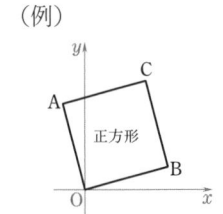

○ (AOの傾き) × (BOの傾き) $= -1$
○ (ACの傾き) × (BCの傾き) $= -1$

<確認>

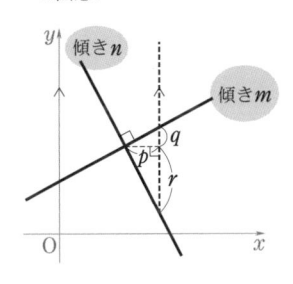

図のように $p(\neq 0)$, q, r をとると，

$$m = \frac{q}{p}, \quad n = -\frac{r}{p} \quad \text{よって} \quad m \times n = \frac{q}{p} \times \left(-\frac{r}{p}\right)$$

$$= -\frac{qr}{p^2} \quad \cdots\cdots\cdots ①$$

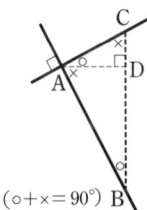

△CDA∽△ADB より

$q : p = p : r \quad \therefore \quad p^2 = qr \quad \cdots\cdots ②$

①，②より，$mn = -1$

(○ + × = 90°)

▷基本性質 [4]

2-4　文字で表す長さ・面積

(例1)

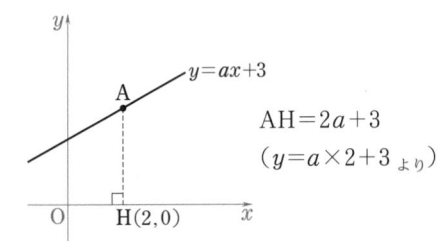

$AH = 2a + 3$
（$y = a \times 2 + 3$ より）

(例2)

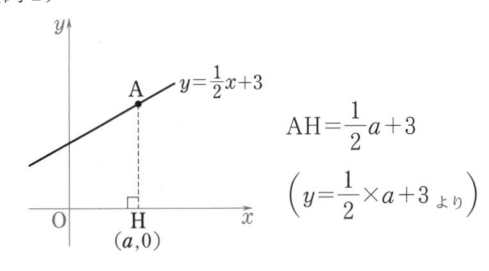

$AH = \frac{1}{2}a + 3$
$\left(y = \frac{1}{2} \times a + 3 \text{ より}\right)$

(例3) $AB = ?$ $\left(\text{ただし，} a < \frac{10}{3}\right)$

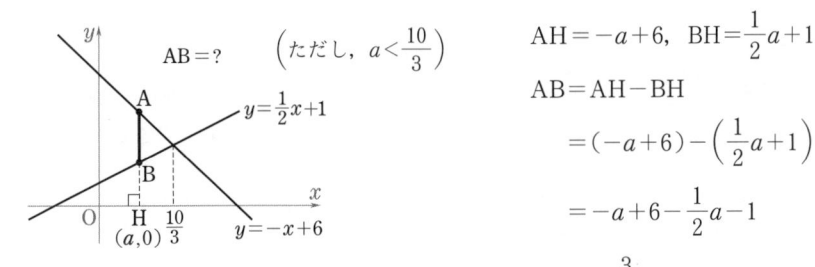

$AH = -a + 6, \quad BH = \frac{1}{2}a + 1$

$AB = AH - BH$

$= (-a + 6) - \left(\frac{1}{2}a + 1\right)$

$= -a + 6 - \frac{1}{2}a - 1$

$= -\frac{3}{2}a + 5$

17

(例4)

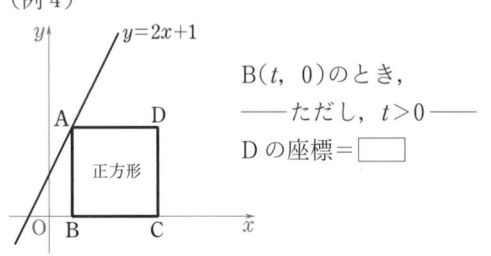

B(t, 0)のとき，
――ただし，$t>0$――
Dの座標＝□

B(t, 0)
A(t, $2t+1$)より，AB＝AD＝DC＝$2t+1$
Dのx座標は，$t+(2t+1)=3t+1$
Dのy座標は，$2t+1$
∴ D($3t+1$, $2t+1$)

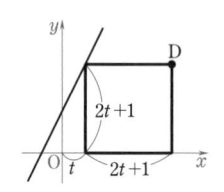

(例5)

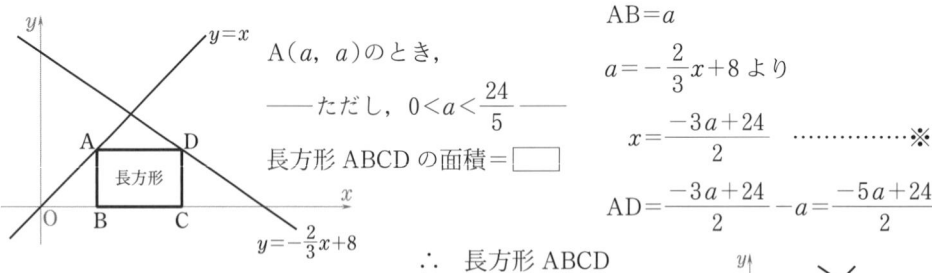

A(a, a)のとき，
――ただし，$0<a<\dfrac{24}{5}$――
長方形 ABCD の面積＝□

AB＝a
$a=-\dfrac{2}{3}x+8$ より
$x=\dfrac{-3a+24}{2}$ ……※
AD＝$\dfrac{-3a+24}{2}-a=\dfrac{-5a+24}{2}$

∴ 長方形 ABCD
　＝$a\times\dfrac{-5a+24}{2}$
　＝$\dfrac{1}{2}a(-5a+24)$

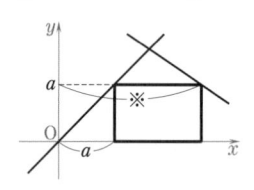

▶応用テーマ **1**

2-1 直線の式を求める（応用編）

［1］ x切片・y切片から

□ x切片 p，y切片 q（$p\neq 0$, $q\neq 0$）

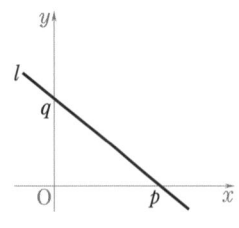

直線 l の式　$\boxed{\dfrac{x}{p}+\dfrac{y}{q}=1}$

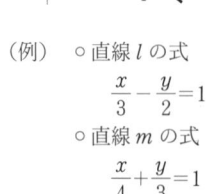

（例）○直線 l の式
　　　$\dfrac{x}{3}-\dfrac{y}{2}=1$
　　○直線 m の式
　　　$\dfrac{x}{4}+\dfrac{y}{3}=1$

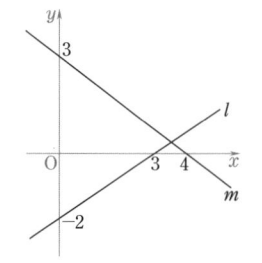

◀2点(p, 0)，(0, q)を通る直線の式を普通に求めると….

$\dfrac{0-q}{p-0}=-\dfrac{q}{p}$（傾き）　より

$y=-\dfrac{q}{p}x+b$ に(p, 0)を代入

$0=-\dfrac{q}{p}\times p+b$ より，$b=q$

∴ $y=-\dfrac{q}{p}x+q$　……#

#の両辺をqで割ると，

$\dfrac{x}{p}+\dfrac{y}{q}=1$　（となる）

[2] 傾き・1点の座標から
□ 傾き a で，(p, q) を通る直線

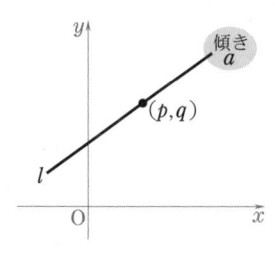

直線 l の式

$$y = a(x-p) + q$$

（例）

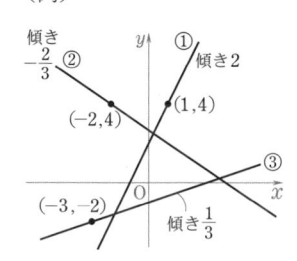

直線の式

① → $y = 2(x-1) + 4$ …※

② → $y = -\dfrac{2}{3}(x+2) + 4$

③ → $y = \dfrac{1}{3}(x+3) - 2$

◀ もちろん，普通に…，
たとえば①は
　　$y = 2x + b$ として，
　　$4 = 2 \times 1 + b$ より $b = 2$
　∴　$y = 2x + 2$
と求めることができる．
　※の右辺は，$2x - 2 + 4$ より
$2x + 2$ となり，一致する．

<確認>

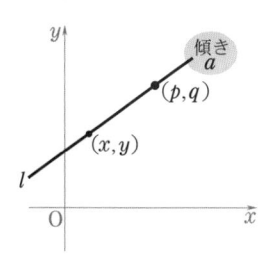

この直線上の点の座標を (x, y) とすると…，

$\dfrac{y-q}{x-p} = a$ より

$y - q = a(x-p)$

∴　$y = a(x-p) + q$

◀ 座標平面上の点（x 座標と y 座標で示される点）の，その x と y の値はどのような関係にあるか，ということなので，直線では傾きと1点の座標が与えられることによって，x と y の関係が定まる．

[3] 2点の座標から
□ 2点 (x_1, y_1)，(x_2, y_2) を通る直線
　　── ただし，$x_1 \neq x_2$ ──

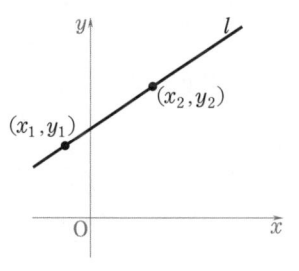

直線 l の式

$$y = \dfrac{y_1 - y_2}{x_1 - x_2}(x - x_1) + y_1$$

◀ $x_1 \neq x_2$ のとき

傾きは $\dfrac{y_1 - y_2}{x_1 - x_2}\left(\text{または }\dfrac{y_2 - y_1}{x_2 - x_1}\right)$

となるので，[2]と同じこと．
$y = \dfrac{y_1 - y_2}{x_1 - x_2}(x - x_2) + y_2$
でもよい．

（例）　$(2, -1)$，$(-1, 3)$ を通る直線の式

$y = \dfrac{-1-3}{2-(-1)}(x-2) - 1$ より $y = -\dfrac{4}{3}(x-2) - 1$

▶ 関数

[3] 2次関数

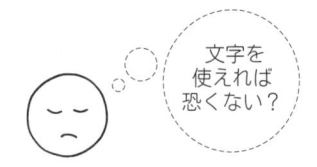

> 文字を使えれば恐くない？

直線（1次関数）に放物線（2次関数）が加わると，座標平面が急ににぎやかになります．図が複雑になるだけでなく，2次式の座標が登場するからです．でも，座標平面で文字を使いこなせるようになっている人にとっては，2次関数で困ることはなく，むしろ，2つの関数を同時に学ぶことで，関数への理解がさらに深まります．

▷ 基本性質 ①

3-1-1　2次関数の性質

〈2次関数とは〉
　　y が x の関数であり（1-1-1），
　　y が x の2次式で表されるとき，

⇨ y は x の2次関数である という

□ 2次関数の一般形は，$y=ax^2+bx+c$．高校入試数学で扱われるのは，$y=ax^2$ という形のみで，これは「y は x^2 に比例する」という関係式であり，2次関数の一部（特別な場合── $b=c=0$ ──）ということになる．

〈2次関数の基本形〉

$$y=ax^2 \quad (a \neq 0)$$

3-1-2　2次関数 $y=ax^2$ の変化の割合

┌─ 変化の割合 とは… ─┐
│ $=\dfrac{y\text{の増加量}}{x\text{の増加量}}$ │
└───────────┘ であり

1次関数の場合，一定（＝傾き）であったが（2-1-1），2次関数の場合，常に変化している．

▷ x の値が p から q に変化するとき，変化の割合は…

$$\dfrac{aq^2-ap^2}{q-p}$$
$$=\dfrac{a(q^2-p^2)}{q-p}$$
$$=\dfrac{a(q+p)(q-p)}{q-p}=a(p+q) \cdots 一定でない$$

（定数／変化する）

（例1）　$y=x^2$

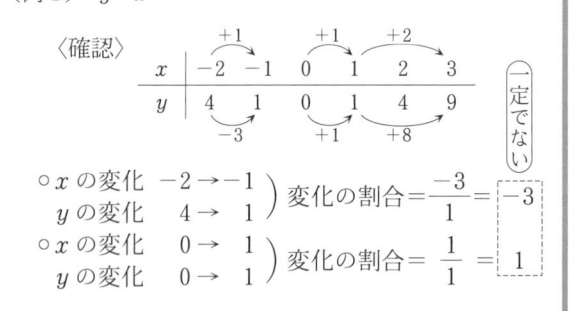

〈確認〉

x	-2	-1	0	1	2	3
y	4	1	0	1	4	9

x: $+1, +1, +1, +1, +2$
y: $-3, -1, +1, +3, +5$（一定でない）

○ x の変化 $-2 \to -1$ ） 変化の割合 $=\dfrac{-3}{1}=-3$
　y の変化 $4 \to 1$

○ x の変化 $0 \to 1$ ） 変化の割合 $=\dfrac{1}{1}=1$
　y の変化 $0 \to 1$

（例2）　$y=ax^2$

〈確認〉

x	$\cdots$	p	$\cdots$	q
y	$\cdots$	ap^2	$\cdots$	aq^2

$q-p \cdots x$ の増加量
$aq^2-ap^2 \cdots y$ の増加量

3-1-3　$y=ax^2$ のグラフ

(例1)　$y=\dfrac{1}{2}x^2$

x	$\cdots$	-1	0	1	2	$\cdots$
y	$\cdots$	$\dfrac{1}{2}$	0	$\dfrac{1}{2}$	2	$\cdots$

$y=-\dfrac{1}{2}x^2$

x	$\cdots$	-1	0	1	2	$\cdots$
y	$\cdots$	$-\dfrac{1}{2}$	0	$-\dfrac{1}{2}$	-2	$\cdots$

(例2)　$y=x^2$

x	$\cdots$	-1	0	1	2	3	$\cdots$
y	$\cdots$	1	0	1	4	9	$\cdots$

$y=-x^2$

x	$\cdots$	-1	0	1	2	3	$\cdots$
y	$\cdots$	-1	0	-1	-4	-9	$\cdots$

(例3)　$y=2x^2$

x	$\cdots$	-1	0	1	2	$\cdots$
y	$\cdots$	2	0	2	8	$\cdots$

$y=-2x^2$

x	$\cdots$	-1	0	1	2	$\cdots$
y	$\cdots$	-2	0	-2	-8	$\cdots$

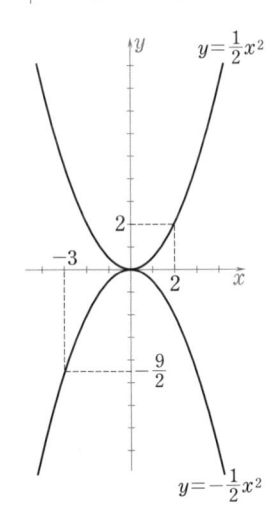

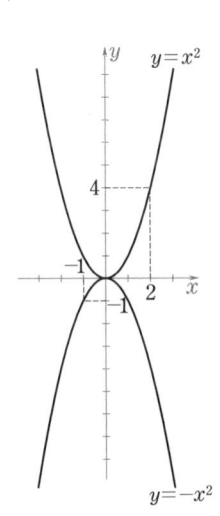

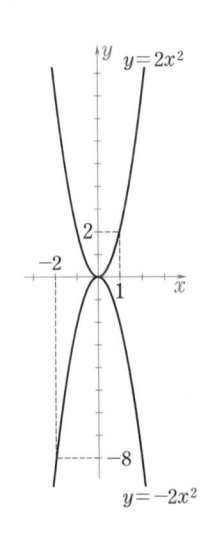

▷ この曲線を **放物線**(ほうぶつせん)という
英語で parabola
「パラボラアンテナのパラボラ」

2次関数 $y=ax^2$ のことを　放物線 $y=ax^2$ ともいう

○ 対称な軸のことを　…軸
○ 放物線と軸の交点を　…頂点
という

---- $y=ax^2$ のグラフの特徴 ----

① 原点を通り，y 軸について対称

② $a>0$ のとき　上に開いている（下に凸(とつ)）
　 $a<0$ のとき　下に開いている（上に凸）

③ $|a|$ が大きいほど，開きは小さくなり
　　　　　小さいほど，開きが大きくなる

$a>0$ (下に凸)　軸・頂点

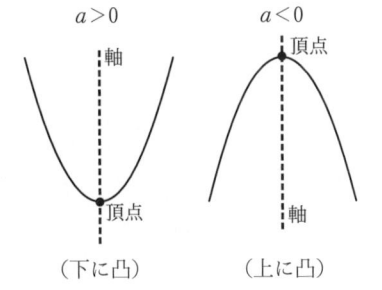

$a<0$ (上に凸)　頂点・軸

☞ a は x^2 の係数ということ（他の文字でもよい）．

▷基本性質 [2]

3-2-1 2次関数 $y=ax^2$ の定義域と値域

定義域＝x の変域（1-1-3）
値域　＝y の変域

（例）$y=x^2$ について

（その1）定義域 $0\leqq x\leqq 2$ のとき

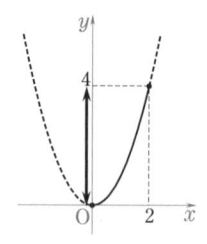

- $x=0$ のとき $y=0$
- $x=2$ のとき $y=4$

∴ 値域は
$0\leqq y\leqq 4$

（その2）定義域 $-2\leqq x\leqq 1$ のとき

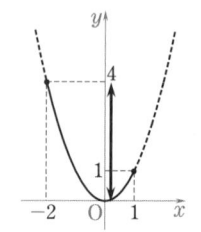

- $x=-2$ のとき $y=4$
- $x=1$ のとき $y=1$

∴ 値域は
$0\leqq y\leqq 4$

☞ $1\leqq y\leqq 4$ でないことに注意．x が $-2\to 0\to 1$ と変化する間に y は $4\to 0\to 1$ と変化している．

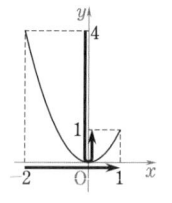

3-2-2 1次関数の定義域・値域とのちがい

▷1次関数の場合（定義域 ○≦x≦□）

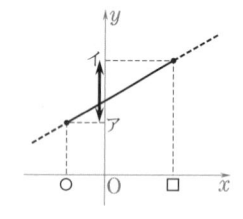

値域 ア≦y≦イ

$x=$○　　$x=$□
のときの　のときの
y の値　　y の値

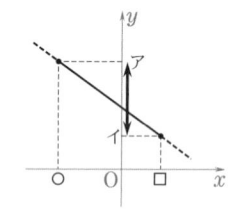

値域 イ≦y≦ア

$x=$□　　$x=$○
のときの　のときの
y の値　　y の値

▷2次関数の場合（定義域 ○≦x≦□）

（その1）

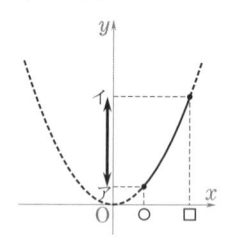

値域 ア≦y≦イ

$x=$○　　$x=$□
のときの　のときの
y の値　　y の値

（その2）

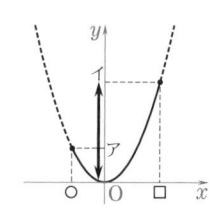

値域 $0\leqq y\leqq$ イ

$x=$□
のときの
y の値

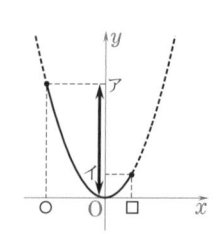

値域 $0\leqq y\leqq$ ア

$x=$○
のときの
y の値

☞ 2次関数の場合，
（その1）…1次関数と同じ
（その2）…1次関数とちがう
——定義域が 0 をはさんで設定されているときに要注意ということ．

▷基本性質 3

3-3-1 2次関数 $y=ax^2$ の決定（a の値を求める）

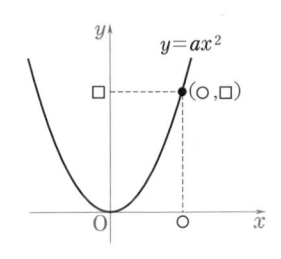

$□=a×○^2$
より $a=\dfrac{□}{○^2}$

（例）

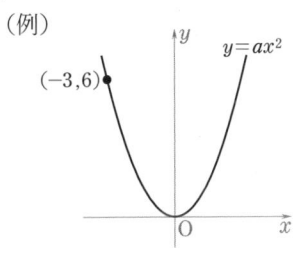

$6=a×(-3)^2$
より $9a=6$
∴ $a=\dfrac{2}{3}$

☞ 1次関数（＝直線）の式を求める方法はいろいろあったが，2次関数（＝放物線）$y=ax^2$ の a の値を求める方法は，基本的には，これだけ．すなわち，原点を通る放物線は，その放物線が通る原点以外の1つの点の座標がわかれば求めることができるということ．

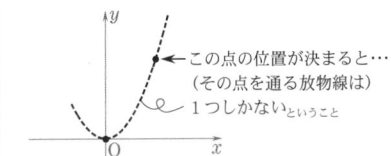

←この点の位置が決まると…
（その点を通る放物線は）
1つしかないということ

3-3-2 x 座標・y 座標の求め方

（例1）

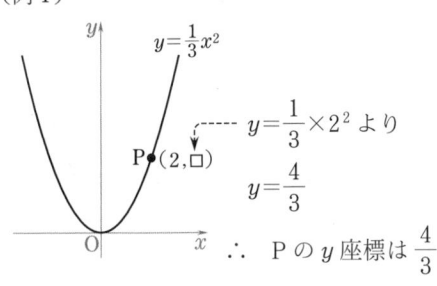

$y=\dfrac{1}{3}×2^2$ より
$y=\dfrac{4}{3}$
∴ P の y 座標は $\dfrac{4}{3}$

（例2）

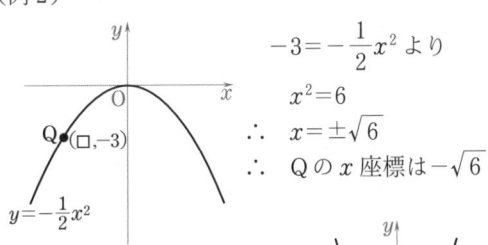

$-3=-\dfrac{1}{2}x^2$ より
$x^2=6$
∴ $x=±\sqrt{6}$
∴ Q の x 座標は $-\sqrt{6}$

☞ y 座標が決まると，それに対応する x 座標は2つある．

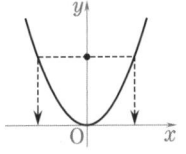

3-3-3 直線と放物線の交点の座標

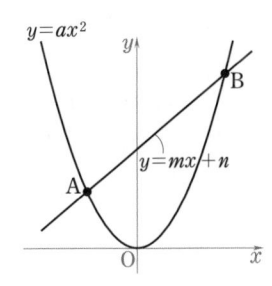

交点 A，B の座標

$\begin{cases} y=ax^2 \ (a\neq 0) \\ y=mx+n \end{cases}$ の連立方程式の解

2次方程式 $ax^2=mx+n$ の 2解が 2つの x 座標

(例)

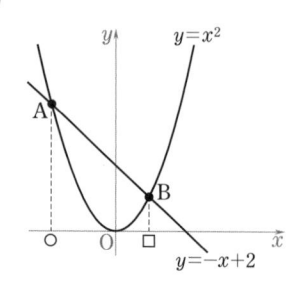

$\begin{cases} y = x^2 & \cdots\cdots\cdots ① \\ y = -x + 2 & \cdots\cdots\cdots ② \end{cases}$

①, ②より, $x^2 = -x + 2$
$x^2 + x - 2 = 0$
$(x+2)(x-1) = 0$
$x = -2, 1$
　　　↑　↑
　　　○　□

$x = -2$ のとき, $y = (-2)^2 = 4$
$x = 1$ のとき, $y = 1^2 = 1$
∴ A(-2, 4), B(1, 1)

▶応用テーマ 1
3-1-1 放物線と直線の関係

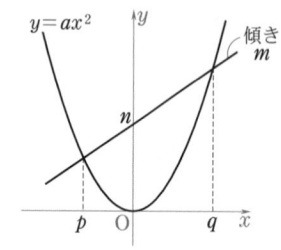

傾き
$m = a(p+q)$

切片
$n = -apq$

放物線と直線の交点の x 座標だけ！から
直線の式（傾き＆切片）を
パッと求める方法
（ということ）

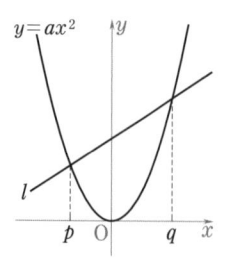

直線 l
$\begin{bmatrix} \text{傾き} & a(p+q) \\ \text{切片} & -apq \end{bmatrix}$
∴ $y = a(p+q)x - apq$

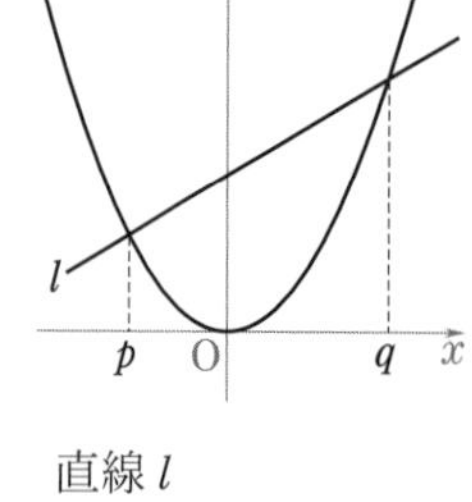

直線 l
$\begin{bmatrix} \text{傾き} & p+q \\ \text{切片} & -pq \end{bmatrix}$
∴ $y = (p+q)x - pq$

◀放物線と直線の交点がどこに
あっても同じ．

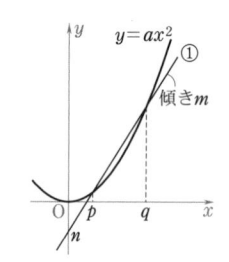

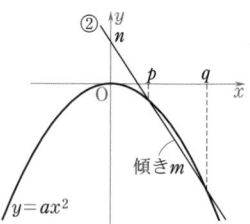

直線①, ②ともに,
$y = a(p+q)x - apq$
（となる）

Memo
・傾き　slope
・切片　intercept

[証明その1]

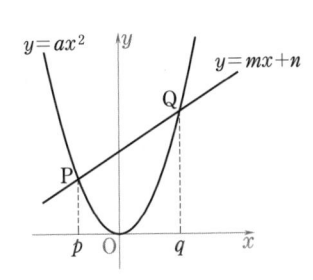

$y=ax^2$, $y=mx+n$

P(p, ap^2)
Q(q, aq^2)

直線PQの傾き

$$m = \frac{ap^2 - aq^2}{p-q} = \frac{a(p+q)(p-q)}{p-q} = a(p+q)$$

(したがって)
直線PQの式は…
$y = a(p+q)(x-p) + ap^2$ より
$y = a(p+q)x - ap^2 - apq + ap^2$
$\therefore \ y = \underline{a(p+q)}x \underline{-apq}$
　　　　傾き m　切片 n

← 2-2-1 ＜方法2＞より.
← 分子 $= ap^2 - aq^2$　｜因
　　　　$= a(p^2 - q^2)$　｜数
　　　　$= a(p+q)(p-q)$　｜分
　　　　　　　　　　　　｜解

← 2-1 [2] の…
　傾き○で(□, ■)を
　通る直線の方程式は
　　$y = ○(x - □) + ■$
　　　　　　　　　(を利用)

$a(p+q)(x-p)$ の部分は
　$a(p+q)x - ap(p+q)$
$= a(p+q)x - ap^2 - apq$ (となる)

[証明その2]

$\begin{cases} y = ax^2 \ (a \neq 0) \\ y = mx+n \end{cases}$ の2交点の x 座標が p, q

$\iff ax^2 = mx + n$
$\begin{pmatrix} すなわち \\ ax^2 - mx - n = 0 \end{pmatrix}$ の2つの解が p, q

解と係数の関係より,

$p + q = \dfrac{m}{a}$　$\therefore \ m = a(p+q)$

$pq = -\dfrac{n}{a}$　$\therefore \ n = -apq$

← 数学ハンドブック／数式編
　p.77, 9-2-2「解と係数の関係」

☞ $a=1$ のときは，より簡単に….

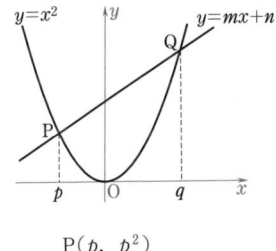

$y=x^2$, $y=mx+n$

P(p, p^2)
Q(q, q^2)

$$m = \frac{p^2 - q^2}{p-q} = \frac{(p+q)(p-q)}{p-q} = p+q$$

$\therefore \ y = (p+q)(x-p) + p^2$
　　　$= (p+q)x - p^2 - pq + p^2$
　　　$= \underline{(p+q)}x \underline{-pq}$
　　　　傾き m　切片 n

☞ $\begin{cases} y = x^2 \\ y = mx+n \end{cases}$ より
　$x^2 - mx - n = 0$ ………※
※の2解が p, q なので,
解と係数の関係より
　$p+q = m$, $pq = -n$
つまり
　$m = p+q$, $n = -pq$

25

3-1-2 実用例その1 ──直線 l の傾き・切片を求める

(1) $y=x^2$, 直線 l は $x=-2$ と $x=3$ を通る

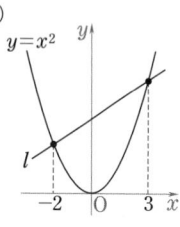

傾き = ☐, 切片 = ☐

(2) $y=2x^2$, 直線 l は $x=-1$ と $x=2$ を通る

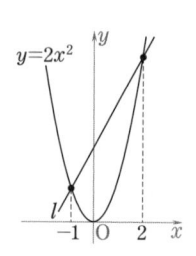

傾き = ☐, 切片 = ☐

(3) $y=\dfrac{1}{2}x^2$, 直線は $x=-4$ と $x=3$ を通る

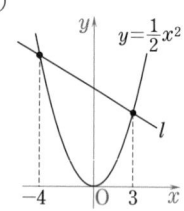

傾き = ☐, 切片 = ☐

(4) $y=x^2$, P は $x=-2k$, Q は $x=3k$, 傾き $\dfrac{2}{3}$, (PR:RQ=2:3)

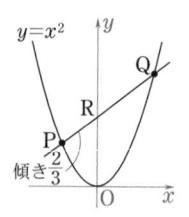

切片 = ☐

◀解

	傾き	切片
(1)	$-2+3$ $=1$	$-(-2)\times 3$ $=6$
(2)	$2(-1+2)$ $=2$	$-2\times(-1)\times 2$ $=4$
(3)	$\dfrac{1}{2}(-4+3)$ $=-\dfrac{1}{2}$	$-\dfrac{1}{2}\times(-4)\times 3$ $=6$

(4) $-2k+3k=\dfrac{2}{3}$

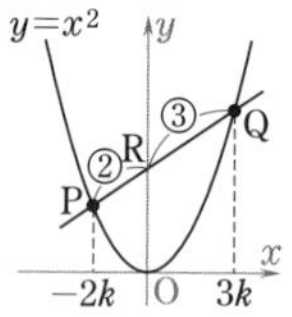

より, $k=\dfrac{2}{3}$

∴ $-(-2k)\times 3k$

$=6k^2=\dfrac{8}{3}$

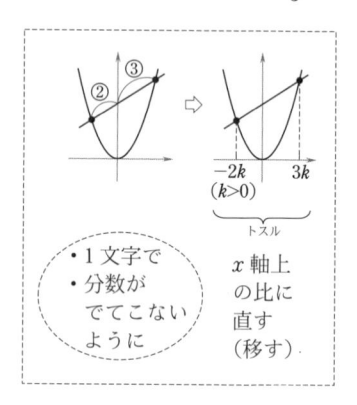

- 1文字で
- 分数がでてこないように

x 軸上の比に直す(移す)

3-1-3 実用例その2 ── k の値を求める

(1) $y=x^2$, $x=-3$ と $x=k$, 傾き 1

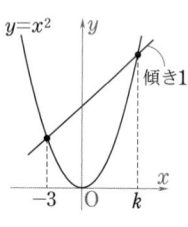

$k=$ ☐

(2) $y=x^2$, $x=-2$ と $x=k$, 傾き $\dfrac{1}{2}$

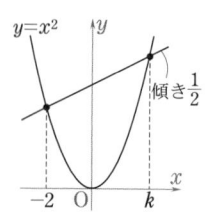

$k=$ ☐

(3) $y=kx^2$, $x=-2$ と $x=3$, 傾き $\dfrac{3}{4}$

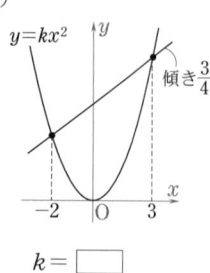

$k=$ ☐

(4) $y=kx^2$, $x=-4$ と $x=3$, 傾き $-\dfrac{1}{2}$

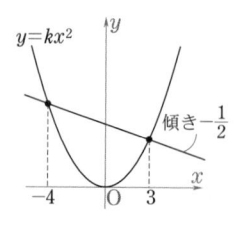

$k=$ ☐

◀解

(1) $-3+k=1$ より $k=4$

(2) $-2+k=\dfrac{1}{2}$ より $k=\dfrac{5}{2}$

(3) $k(-2+3)=\dfrac{3}{4}$ より $k=\dfrac{3}{4}$

(4) $k(-4+3)=-\dfrac{1}{2}$

より $k=\dfrac{1}{2}$

3-1-4　放物線と直交する直線

(1) $y=x^2$　$k=\boxed{}$

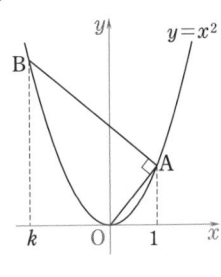

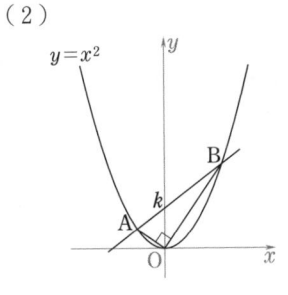

(2) $y=x^2$　$k=\boxed{}$

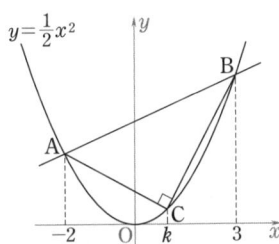

(3) $y=\dfrac{1}{2}x^2$　$k=\boxed{}$
（ただし，$-2<k<3$）

(4) $y=x^2$　p, q の関係は？

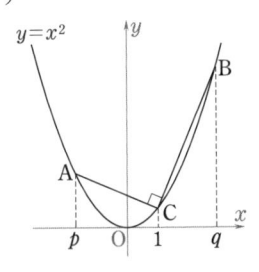

◀**解**
（1）～（4）すべて，直交条件
2-3-2［2］を使って….
（1）　OA の傾き　$0+1=1$
　　∴　AB の傾き　-1
　　∴　$k+1=-1$ より $k=-2$
（2）　A, B の x 座標をそれぞれ
　p, q とすると，
　　　AO の傾き　$p+0=p$
　　　OB の傾き　$0+q=q$
　∴　$pq=-1$
　∴　$k=-pq=-(-1)=1$
（3）　AC の傾き　$\dfrac{1}{2}(-2+k)$
　　　CB の傾き　$\dfrac{1}{2}(k+3)$
　∴　$\dfrac{1}{2}(-2+k)\times\dfrac{1}{2}(k+3)$
　　　$=-1$
　これより，$k=1$
（4）　$(p+1)\times(q+1)=-1$
　より
　　　$\boldsymbol{pq+p+q+2=0}$

▶応用テーマ **2**

3-2　放物線に接する直線

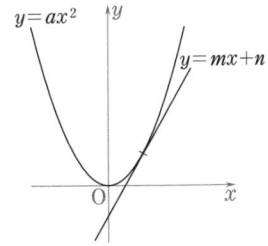

$y=ax^2$、$y=mx+n$

$\left.\begin{array}{l}\text{直線 } y=mx+n\\ \text{放物線 } y=ax^2\end{array}\right]$接する

⇩

$ax^2-mx-n=0$ の
　解が一つ (のみ)

⇩

$(x+\boxed{})^2=\bigcirc$ の形

$\left[\begin{array}{l}\text{同じことだが…}\\ x=\triangle\pm\sqrt{\underbrace{()}_{\text{0になる}}}\end{array}\right]$

（例）$y=x^2$、$y=ax-2$

$a=\boxed{\phantom{2\sqrt{2}}}$, $k=\boxed{\phantom{\sqrt{2}}}$

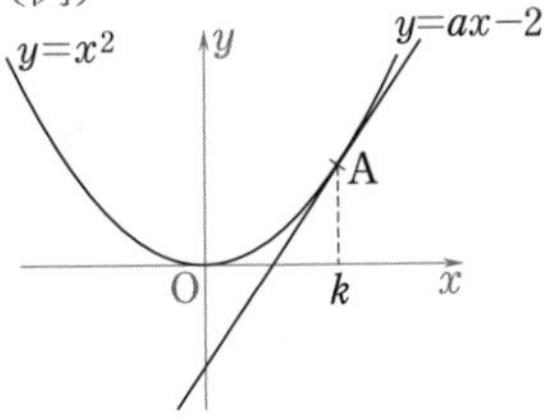

◀数学ハンドブック／数式編
p.71, **9-1-3**（例3）

解　$x^2-ax+2=0$
　$(x-\sqrt{})^2=0$　$\begin{pmatrix}\text{となって}\\ \text{いるはず}\end{pmatrix}$
　$\to x^2-2\sqrt{2}+2=0$
　∴　$a=2\sqrt{2}$, $k=\sqrt{2}$

▶関数

［4］座標平面上の図形

高校入試数学における関数問題の特徴は，座標平面に図形が数多く登場するということです．三角形，正方形・長方形・平行四辺形などの図形が座標平面に置かれると，これまでとはちがった世界が開けてきます．座標平面上の図形には，折に触れて整理しておくべき重要な性質がたくさんあります．

関数を図形的に見るワケ？

▷基本性質 1

4-1-1 対称な点の座標 その1

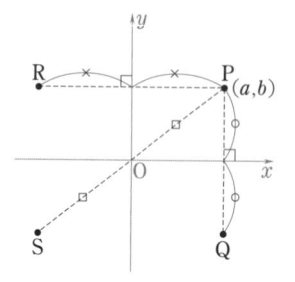

点 $P(a, b)$ と…

○ x 軸に関して対称な点　$Q(a, -b)$ ⎤
○ y 軸に関して対称な点　$R(-a, b)$ ⎦ 線対称

○ 原点に関して対称な点　$S(-a, -b)$ … 点対称

4-1-2 対称な点の座標 その2

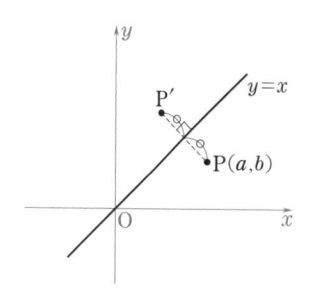

点 $P(a, b)$ と…

○ 直線 $y=x$ に関して対称な点　$P'(b, a)$

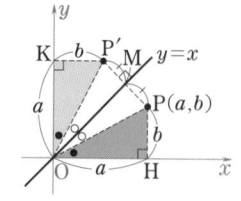

図の $\triangle POM \equiv \triangle P'OM$ より
$\triangle POH \equiv \triangle P'OK$
∴ $KO = HO = a$
　 $P'K = PH = b$
∴ $P'(b, a)$

（例）

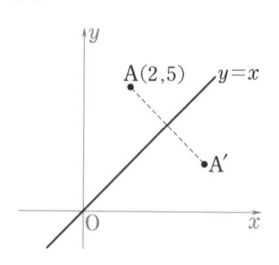

直線 $y=x$ に関して
$A(2, 5)$ と対称な
点 A' の座標 → $(5, 2)$

28

▶応用テーマ **1**

4-1 線対称な点の座標（発展編）

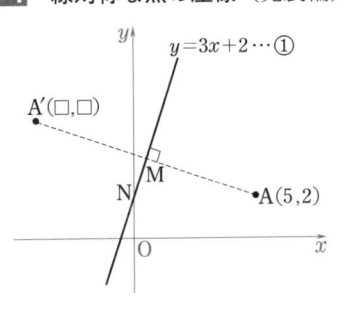

$y = 3x+2 \cdots ①$
A′(□, □)
A(5, 2)

方法Ⅰ ⇒ 関数で
方法Ⅱ ⇒ 図形でその1
方法Ⅲ ⇒ 図形でその2

◀座標平面では，直交する直線の「傾きの積＝−1」などの，関数特有の性質も大事だが，図形の基本である，
○三角形の合同
○三角形の相似
○三平方の定理
などを使う場面が頻繁にある．

[方法Ⅰ]

直交条件より，AA′の傾きは $-\dfrac{1}{3}$，これより

直線 AA′ の式は $y = -\dfrac{1}{3}x + \dfrac{11}{3} \cdots ②$，これと①より，

$M\left(\dfrac{1}{2}, \dfrac{7}{2}\right)$

∴ $A'\left(\dfrac{1}{2} - \dfrac{9}{2}, \dfrac{7}{2} + \dfrac{3}{2}\right)$

より （−4, 5）

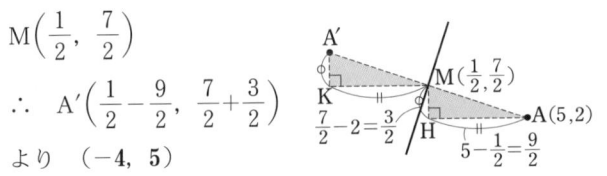

◀△A′KM ≡ △MHA で
MK = AH
A′K = MH

[方法Ⅱ]

A′B = k （とする）
$k^2 + (3k-5)^2 = 5^2$ より
$k = 3$
BN = $\sqrt{5^2 - 3^2} = 4$
∴ A′(−4, 2+3) より
（−4, 5）

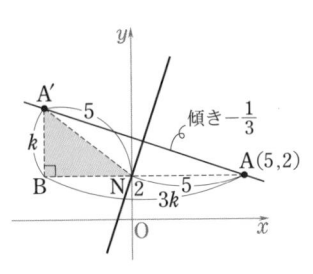

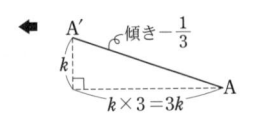

◀ 傾き $-\dfrac{1}{3}$
$k \times 3 = 3k$

また，△A′NA は二等辺三角形．

[方法Ⅲ]

NH = a （とする）
MH = $3a$，HA = $9a$ より
NH = $5 \times \dfrac{1}{10} = \dfrac{1}{2}$
MH = $\dfrac{3}{2}$
KM = HA = $5 \times \dfrac{9}{10} = \dfrac{9}{2}$

∴ $A'\left(5 - \dfrac{9}{2} \times 2, 2 + \dfrac{3}{2} \times 2\right)$

∴ （−4, 5）

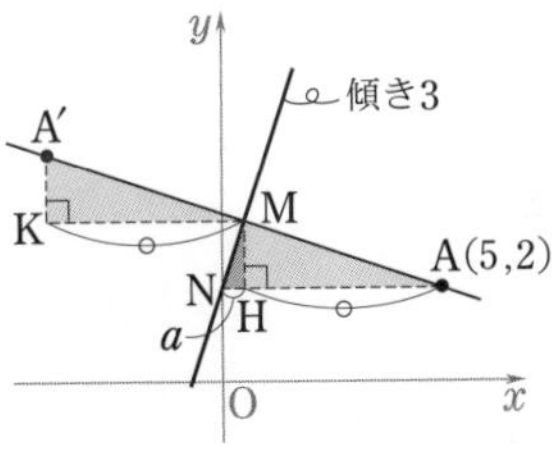

◀傾きから…
傾き3, 傾き $-\dfrac{1}{3}$
a とする, $3a$, $9a$

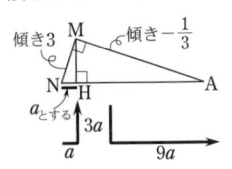

NH : HA = 1 : 9 とわかる．

▷ **基本性質 [2]**

4-2 垂線の長さ

（例）

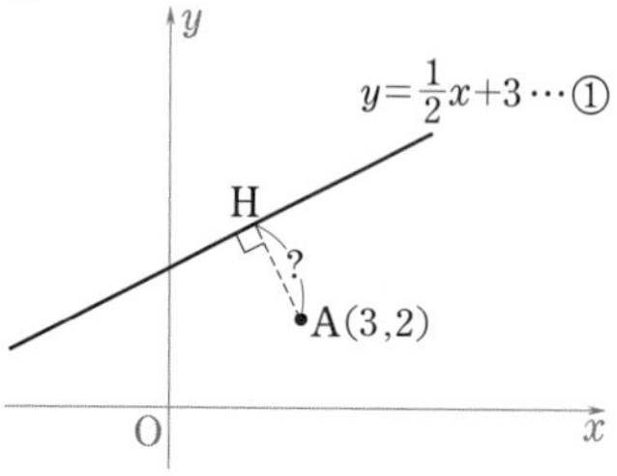

（着眼）垂線の足 H の座標を…

⇨ 求める → 直交条件へ［方法Ⅰ］

⇨ 求めない ┬→ 面積で［方法Ⅱ］
           └→ 相似で［方法Ⅲ］

［方法Ⅰ］

直交条件（**2-3-2**[2]）より，直線 AH の傾きは -2

∴ 直線 AH の式は $y=-2x+8$，これと①より，H$(2, 4)$

∴ AH$=\sqrt{(3-2)^2+(2-4)^2}=\sqrt{5}$

［方法Ⅱ］

C$\left(3, \dfrac{1}{2}\times 3+3\right)$ より，$\left(3, \dfrac{9}{2}\right)$ ∴ CA$=\dfrac{9}{2}-2=\dfrac{5}{2}$

AB$=$CA$\times 2=5$ ∴ BC$=\sqrt{\left(\dfrac{5}{2}\right)^2+5^2}=\dfrac{5\sqrt{5}}{2}$

BC$\times h\times \dfrac{1}{2}=5\times \dfrac{5}{2}\times \dfrac{1}{2}$ より，$h=\sqrt{5}$

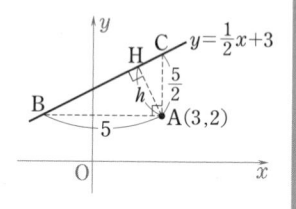

［方法Ⅲ］

B の x 座標は，$2=\dfrac{1}{2}x+3$ より，-2

∴ AB$=5$

傾きの関係から，△ABH は 3 辺の比が
$1:2:\sqrt{5}$ の直角三角形

∴ AH$=$AB$\times \dfrac{1}{\sqrt{5}}=5\times \dfrac{1}{\sqrt{5}}=\sqrt{5}$

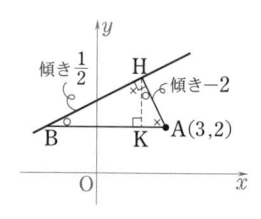

□ **確認事項** □

＜傾き＞がつくる直角三角形

（例1）「傾き 1」，「傾き -1」 ⇨ $\sqrt{2}$

（例2）「傾き $\dfrac{3}{4}$」，「傾き $-\dfrac{4}{3}$」，… ⇨ 5, 4, 3

（例3）「傾き $\dfrac{1}{2}$」，「傾き -2」，… ⇨ $\sqrt{5}, 2, 1$

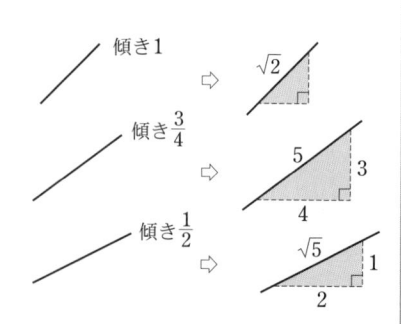

▷**基本性質** 3

4-3 直線の対称移動

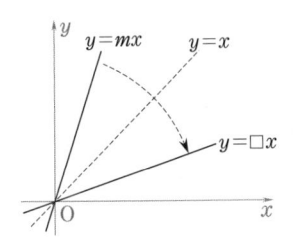

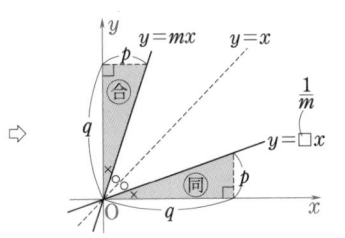

$$m=\frac{q}{p}, \quad \square=\frac{p}{q} \quad \therefore \quad \square=\frac{1}{m}$$

［4-1-2 より］

（例）直線 l の式
$$\to y=\frac{5}{2}x$$

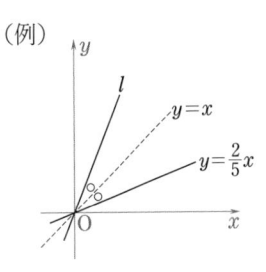

▶**応用テーマ** 2

4-2 直線の回転移動

（例1）

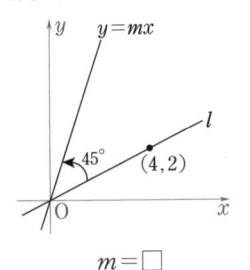

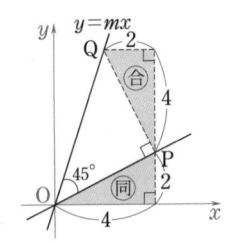

$m=\square$

Q$(4-2, 2+4)$ より，
Q$(2, 6)$
∴ $m=3$

◀「45°」→どこに 45°定規がある？ということ．

（例2）

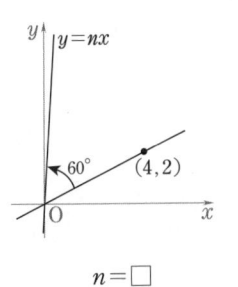

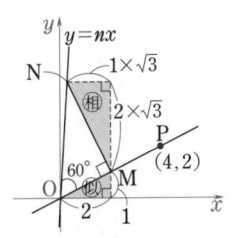

$n=\square$

N$(2-\sqrt{3}, 1+2\sqrt{3})$ より，
$$n=\frac{1+2\sqrt{3}}{2-\sqrt{3}}=\cdots=8+5\sqrt{3}$$

◀「60°」→どこに 60°定規がある？ということ．

① $\sqrt{3}$, 60°, $\sqrt{3}$ より

$\sqrt{3}$, $2\sqrt{3}$, 1, 2

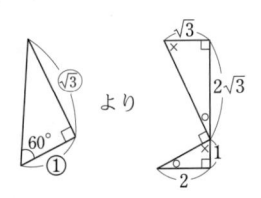

と，わかる．

▷**基本性質** 4

4-4-1 三角形の面積①──基本形

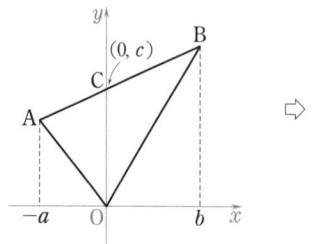

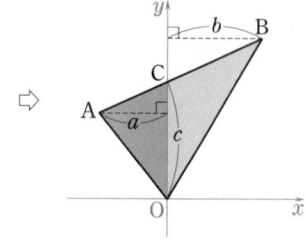

$\triangle \text{AOB} = \triangle \text{AOC} + \triangle \text{BOC}$
$= c \times a \times \dfrac{1}{2} + c \times b \times \dfrac{1}{2}$
$= c \times (a+b) \times \dfrac{1}{2}$

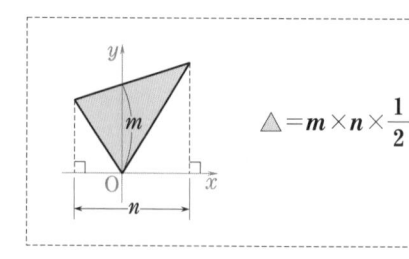

$\triangle = m \times n \times \dfrac{1}{2}$

4-4-2 三角形の面積②──応用形

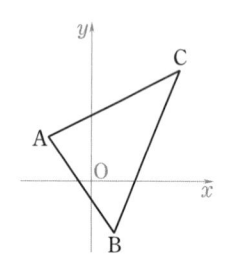

(方法Ⅰ)　まわりから引く

（その1） 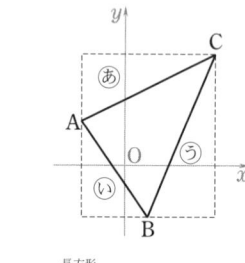
長方形
□ − (あ + い + う)

（その2） 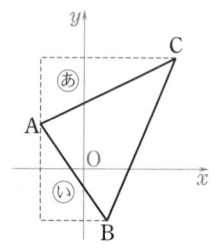
台形
□ − (あ + い)

(方法Ⅱ)　切ってたす

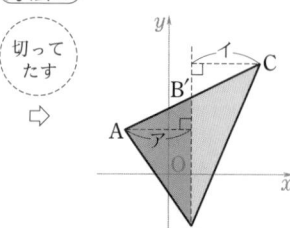

Step 1：直線 AC の式から B′の座標を求める
Step 2：B′B を求める
Step 3：ア + イ を求める
Step 4：B′B × (ア + イ) × $\dfrac{1}{2}$

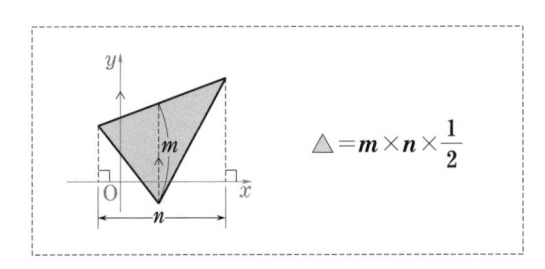

$$\triangle = m \times n \times \frac{1}{2}$$

方法Ⅲ

等積変形して ⇨

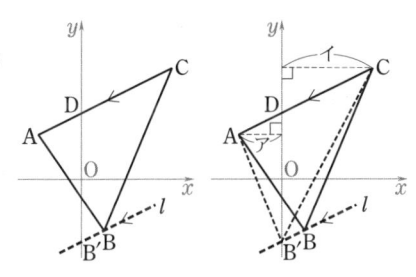

Step 1：B を通り AC に平行な直線 l の式を求める
Step 2：直線 l の切片 B′ を求める
Step 3：DB′ × (ア + イ) × $\frac{1}{2}$

☞ DB′ × (C の x 座標 − A の x 座標) × $\frac{1}{2}$
　　　　　　　⑤　　　　　　　　⑥
ということ．

(例)

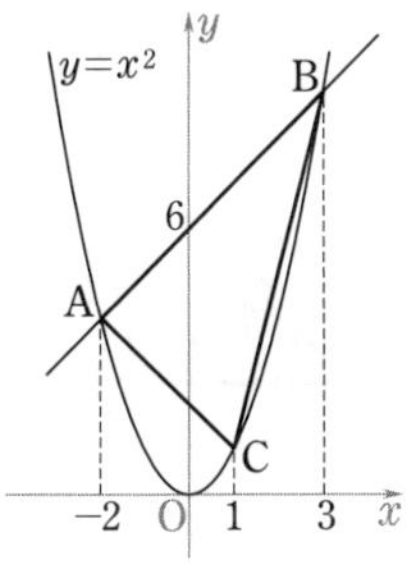

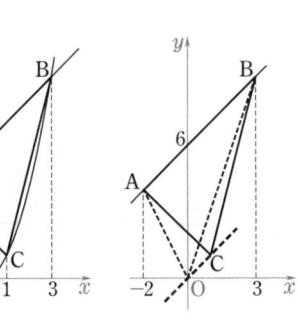

AB ∥ OC を確認して，
△ABC = 6 × 5 × $\frac{1}{2}$ = 15

（というように）

◀ 数学ハンドブック／図形編
　p.16，3-03，3-04

▶ **基本性質 5**

4-5-1　面積を二等分する直線の式①

◀ 数学ハンドブック／図形編
　p.91 重要テーマ **02**

[**三角形** その1：頂点を通る直線で]

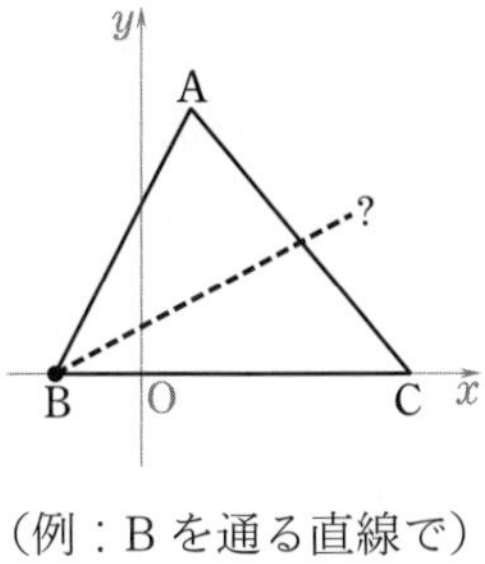

⇨

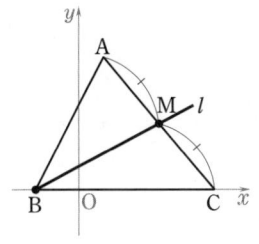

Step 1：AC の中点 M の座標を求める
Step 2：直線 l の式を求める

（例：B を通る直線で）

33

[**三角形**その2：辺上の点を通る直線で]

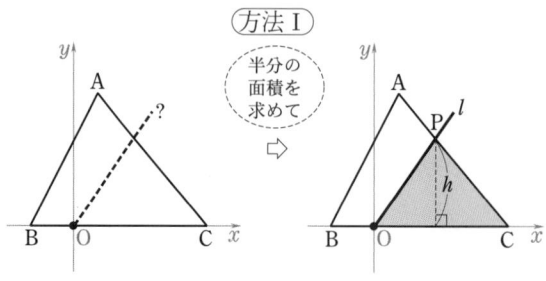

方法Ⅰ

半分の面積を求めて
⇨

（例：Oを通る直線で） （Pの座標を求める）

Step 1：△ABC の面積を求める
Step 2：その半分 △POC の面積を求める
Step 3：△POC の高さ h
　　　（＝Pの y 座標）を求める
Step 4：Pの x 座標を求める
Step 5：直線 l の式を求める

方法Ⅱ

等積変形で
⇨

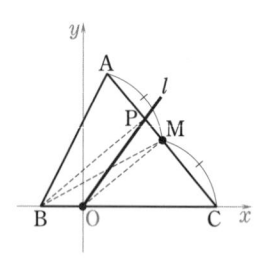

Step 1：ACの中点 M の座標を求める
Step 2：OM の傾き m を求める
Step 3：B を通り傾き m の直線 g の式を求める
Step 4：直線 g と AC との交点 P の座標を求める
Step 5：直線 l の式を求める

☞ 上の方法は，先に面積を二等分してから等積変形（図1〜図2）だが，図4のように，先に等積変形して——O が頂点になっている三角形をつくって——，それを二等分してもよい．

図1　あ＋い＝$\frac{1}{2}$（だが…）　→　図2　う＋い＝$\frac{1}{2}$（としたい）　→　図3　あ＝う より う＋い＝$\frac{1}{2}$（完成）　　図4

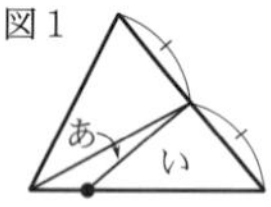

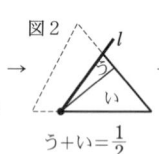

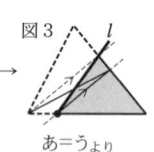

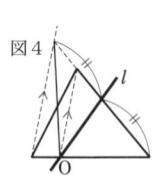

方法Ⅲ

辺の比から
⇨

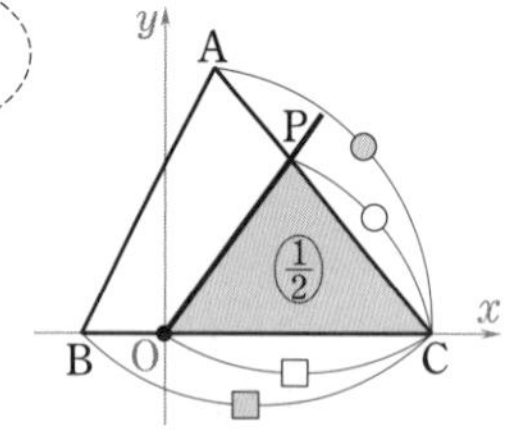

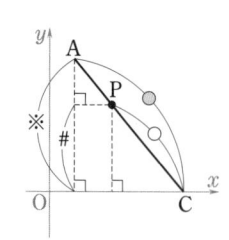

Step 1：$\dfrac{\square}{\blacksquare} \times \dfrac{\bigcirc}{\bullet} = \dfrac{1}{2}$ より $\dfrac{\bigcirc}{\bullet}$ がわかる

Step 2：P の y 座標
　　　＝A の y 座標 × $\dfrac{\bigcirc}{\bullet}$

Step 3：直線 AC の式から P の x 座標を求める

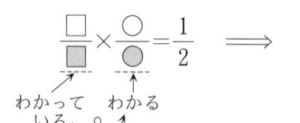

$\dfrac{\square}{\blacksquare} \times \dfrac{\bigcirc}{\bullet} = \dfrac{1}{2}$　⟹　P の y 座標（#）
　わかって　わかる　　　　　　　　　　　　　　＝※ × $\dfrac{\bigcirc}{\bullet}$
　いる

[**三角形**その3：辺に平行な直線で]

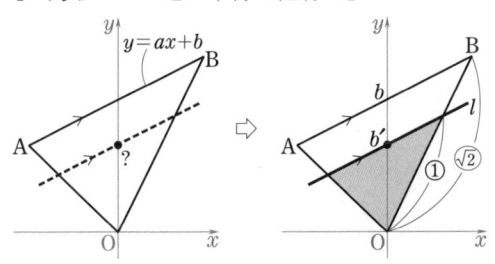

Step 1：AB の切片 b を求める

Step 2：$b' = b \times \dfrac{1}{\sqrt{2}}$

Step 3：求める直線の式
$$y = ax + b \times \dfrac{1}{\sqrt{2}}$$

[**三角形**その4：y 軸に平行な直線で]

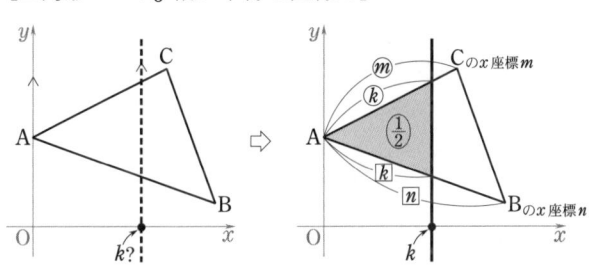

Step 1：$\dfrac{k}{m} \times \dfrac{k}{n} = \dfrac{1}{2}$ より

わかっている

k^2 の値を求める

k の値を求める

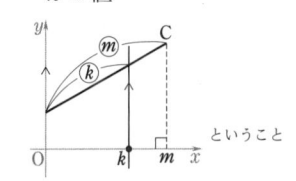

ということ

4-5-2　面積を二等分する直線の式②

◀数学ハンドブック／図形編
p.92 重要テーマ **03**

[**四角形**：頂点を通る直線で]

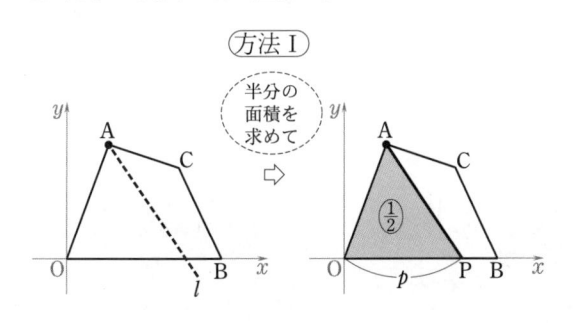

方法Ⅰ（半分の面積を求めて）

Step 1：□AOBC の面積を求める
Step 2：その半分 △AOP の面積を求める
Step 3：△AOP の底辺の長さ p を求める
　　　　＝ P の x 座標
Step 4：直線 l の式を求める

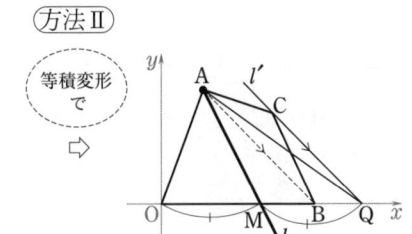

方法Ⅱ（等積変形で）

Step 1：C を通り AB に平行な直線 l' の式を求める
Step 2：l' と x 軸との交点 Q の x 座標を求める
Step 3：OQ の中点 M の座標を求める
Step 4：直線 l（直線 AM）の式を求める

☞「三角形に変形して二等分」ということ．

35

[**四角形**：辺上の点を通る直線で]といわれたら

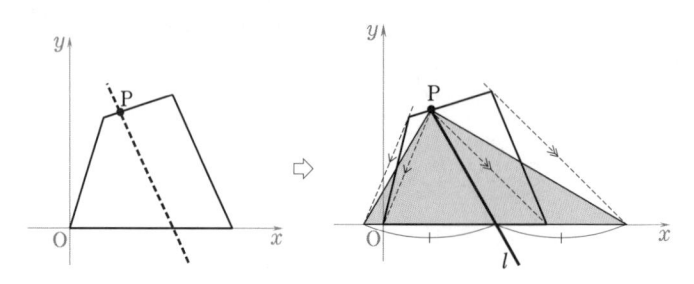

三角形に変形してから二等分することになる．

[**五角形**：頂点を通る直線で]という場合と同様…

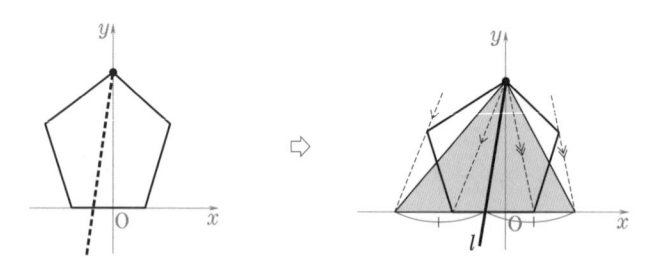

三角形に変形してから二等分することになる．

4-5-3　面積を二等分する直線の式③

[**平行四辺形**：外部の1点を通る直線で]

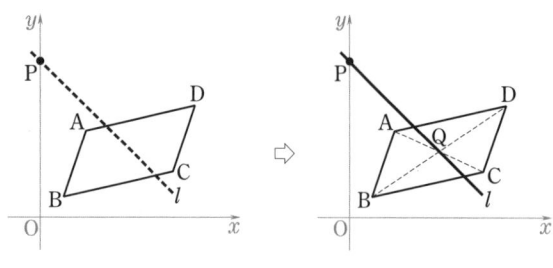

◀数学ハンドブック／図形編
p.92 重要テーマ **04**

Step 1：対角線 AC，BD の交点 Q の座標を求める
‖
対角線 AC の中点 Q（BD）の座標を求める

Step 2：直線 l の式を求める

☞「平行四辺形」の中には
・ひし形
・長方形　も含まれる．
・正方形

平行四辺形グループ
・平行四辺形
・ひし形
・長方形
・正方形
= 点対称 である図形

36

4-5-4　面積を二等分する直線の式④
［台形：外部の1点を通る直線で］

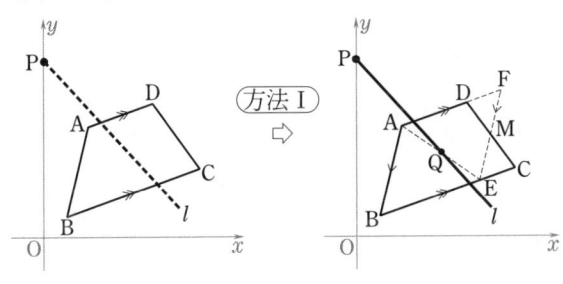

◀数学ハンドブック／図形編
p.93 重要テーマ **05**

方法Ⅰ ⇨

Step 1：CD の中点 M の座標を求める
Step 2：M を通り AB に平行な直線と BC との交点 E の座標を求める
Step 3：AE の中点 Q の座標を求める
Step 4：直線 l の式を求める

（平行四辺形にして二等分）ということ

☞ ただし，この方法は，上底と下底の両方を通る直線が台形の面積を二等分する場合に限られる．

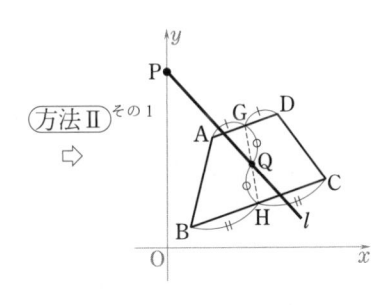

方法Ⅱ その1 ⇨

Step 1：AD の中点 G の座標を求める
Step 2：BC の中点 H の座標を求める
Step 3：GH の中点 Q の座標を求める
Step 4：直線 l の式を求める

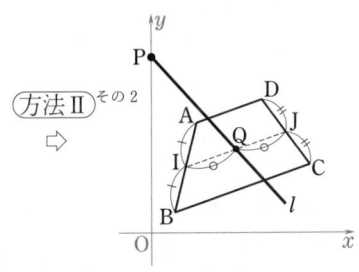

方法Ⅱ その2 ⇨

Step 1：AB の中点 I の座標を求める
Step 2：CD の中点 J の座標を求める
Step 3：IJ の中点 Q の座標を求める
Step 4：直線 l の式を求める

☞ 方法Ⅱのその1・その2は，同じ内容．

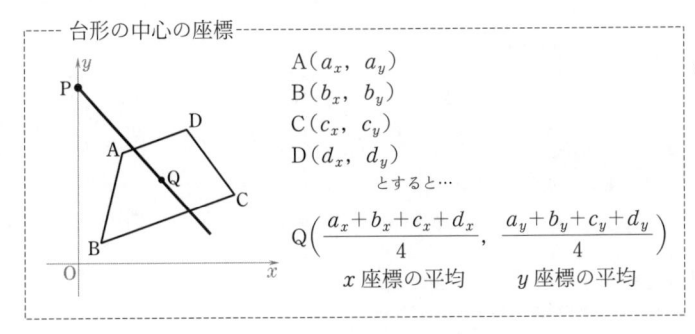

台形の中心の座標

$A(a_x, a_y)$
$B(b_x, b_y)$
$C(c_x, c_y)$
$D(d_x, d_y)$
とすると…

$Q\left(\dfrac{a_x+b_x+c_x+d_x}{4}, \dfrac{a_y+b_y+c_y+d_y}{4}\right)$
　　　　x 座標の平均　　　y 座標の平均

（例）
A(2, 5)
B(1, 1)
C(7, 3)
D(5, 6) のとき

$Q\left(\dfrac{2+1+7+5}{4}, \dfrac{5+1+3+6}{4}\right)$ となる

関数　テーマ別最重要項目のまとめ [1]

$$f(x)$$
（エフエックス）

> 読み替えできれば便利な道具…

「$x=2$ のとき，$y=\cdots$」という表現を「$f(2)=\cdots$」というように短縮できるので，複数の式から条件を整理していく問題では，煩雑さが軽減できるだけでなく，見通しが断然よくなります．座標平面だけでなく，整数問題も含めさまざまな分野に登場するので，使いこなせるようにしておきたいところです．

1-1　$f(x)$ とは…

英語で「関数」を function という．
$f(x)$ とは，「x の関数」ということ．

$\boxed{y=f(x)}$ … y イコール $f(x)$ と読む．

<y は x の関数である> ということ．
└─ 2つの変数 x, y の間に
　　<x の値が決まると，その x の値に対応して y の値が1つ決まる>
という関係があるとき <y は x の関数である> という．
（1-1-1）

Memo
function【fʌ́ŋkʃən】の普通の意味は…
機能，働き，作用
（複数形 functions）職務，役割
（数学）関数
<例>　linear functions
　　　　1次関数
　　　quadratic functions
　　　　2次関数

1-2　$f(x)$ という記号の使い方

[例1]　$y=2x-1$ とする　　　　　$f(x)=2x-1$ とする
・「$x=3$ のときの y（の値）」　⇒　$f(3)$
・「$x=3$ のとき，$y=5$」　　　　⇒　$f(3)=5$
　（という長い表現が…）　　　　　（この単純な式に）

　┌─ $f(x)=2x-1$ のとき ─┐　　$f(x)$
　│　　$f(3)=\ ?$　　　　　　│　　↓
　└─────────────┘　　$f(3)$

　　　　　$f(x)=2x-1$ ──┐　右辺の
　　　　　　↓　　　　　　│　<x を3にせよ>
　　　　　$f(3)=2\times 3-1$ ←┘　という指示（指令）

☞ y が x のどのような関数であれ，例えば「$x=-2$ のとき $y=1$，$x=2$ のとき $y=3$」という内容は，「$f(-2)=1$, $f(2)=3$」と単純に表現できる ということ．

◀ ヨーロッパで17世紀後半にライプニッツ（1646-1716）が使い始めたとされる function という用語は，18世紀前半に，あのオイラーによって現在一般に使われている $f(x)$ というスタイルに記号化され普及した．

[例2] 自然数 x の約数の個数を n とする $n=f(x)$ とする
- 「$x=12$ のときの n の値」 ⇒ $f(12)$
- 「$x=12$ のとき,$n=6$」 ⇒ $f(12)=6$

(という長い表現が…) (この単純な式に)

☞ 中学数学で習う座標平面上の関数である1次関数,2次関数だけでなく,「x が1つ決まると y が1つだけ決まる」という関係にあるものは,すべて $f(x)$ として表現が可能

ということ.

1-3 $f(x)$,さらに $g(x)$ …

2つ以上の関数を同時に扱うとき

関数その1 → $f(x)$
関数その2 → $g(x)$ とする

[例] ある数 x の小数第1位を四捨五入した値を $f(x)$,x の小数第1位以下を切り捨てた数を $g(x)$ とする.
- $f(2.6)=3$
- $g(2.6)=2$

◀ ある1つの変数 x に対して異なる対応関係にある「x の関数である y」を,y その1,y その2,…などとしないで,
$f(x)$
$g(x)$
⋮
と自由に文字を変えて(アルファベットの f の次は g),□( ) というスタイルだけで関数表現するという,いわば小さな大発明.

1-4 ( )の中も自由に…

[例1] 自然数 n の一の位を $f(n)$ で表す.
- $f(12)=2$
- $f(2012^6)=4$

[例2] 正の数 a の小数部分を $f(a)$ とする.
- $f(2.3)=0.3$
- $f(\sqrt{2})=\sqrt{2}-1$

[例3] 自然数 x について,$f(x)$ は x の約数の個数を表すものとする.
- $f(10)=4$
- $f(f(10))=3$

☞ $f(10)=4$ より,$f(\underline{f(10)})=f(4)=3$ ということ.
$\|$
4

[例4] 2つの関数 $f(x)$,$g(x)$ があり,$f(1)=-1$,$f(-3)=2$,$g(2)=-2$,$g(4)=1$ である.このとき,
- $f(g(4))=f(1)=-1$
- $g(f(-3))=g(2)=-2$

[例5] $f(x)=x^2$ のとき,次のうち正しいのはどちらか.
(ⅰ) $f(-x)=-f(x)$ ×
(ⅱ) $f(-x)=f(x)$ ○

◀ 2^1 2^2 2^3 2^4 2^5 2^6 の一の位
$2 \to 4 \to 8 \to 6 \to 2 \to 4$
より,2012^6 の一の位は4とわかる.

◀ $f(-x)$
$=(-x)^2$
$=x^2$ より.

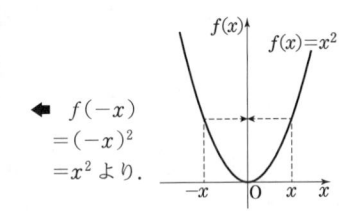

39

1-5 数や図形の性質にも…

[例] 数列 1, 1, 2, 3, 5, 8, 13, 21, … という数列の性質.

<言葉による表現>　　　　　<関数的表現>

n 番目の数は, $n-1$ 番目の数と $n-2$ 番目の数の和になっている.

$f(n)=f(n-1)+f(n-2)$
$F_n=F_{n-1}+F_{n-2}$ など

☞ というわけで, 関数を示す $f(x)$ は, 1次関数, 2次関数などの座標平面に登場する関数の枠を超えて, 整数なども含めたさまざまなテーマの中で利用されている.

◀有名なフィボナッチ数列. 高校数学では…
　1番目の数 → 初項
　2番目の数 → 第2項
　　　⋮
　n 番目の数 → 第n項
という. フィボナッチ数列は, ある項は前2つの項の和になっていることから「2項和数列」ともいう.
　$f(n)=f(n-1)+f(n-2)$ のような式を高校数学で「漸化式」という. 大文字の F は, 関数 function の f でなくフィボナッチ Fibonacci（12～13世紀のイタリアの数学者）の F
本名は, レオナルド・ダ・ピサ（ピサのレオナルド）と思われる.

フィ＋ボナッチ
息子　父親の名前
　（ボナッチのせがれ）

1-6 $f(x)$ ： 問題形式による **実戦的使用例**

[例1] 「ある数 x から 1 をひいて 2 乗し, それに 3 を加える」という関数を $f(x)$ とする.
　（1） $f(x)$ を x の式で表せ.
　（2） $f(x)=5$ となる x の値を求めよ.

解 （1） $f(x)=(x-1)^2+3$
　（2） $(x-1)^2+3=5$ より
　　$x^2-2x+1+3-5=0$
　　$x^2-2x-1=0$ より $x=1\pm\sqrt{2}$

[例2] $f(x)=2x+1$ のとき, 方程式 $f(f(x))-x=0$ を解け.

解 $f(x)=2x+1$ より
　$f(f(x))=2(2x+1)+1=4x+3$
　∴ 与えられた方程式は
　　$4x+3-x=0$
　これより, $x=-1$

[例3] $f(x)=3x-2$, $g(x)=-x+1$ である.
　$f(x+y)=4$, $g(x-y)=-7$ のとき, x の値を求めよ.

解 $f(x)=3x-2$ ……①
　$g(x)=-x+1$ ……②
　①より, $f(x+y)=3(x+y)-2=4$ ……①′
　②より, $g(x-y)=-(x-y)+1=-7$ ……②′
　①′, ②′より, $\begin{cases} x+y=2 & ……①'' \\ -x+y=-8 & ……②'' \end{cases}$
　①″−②″より　$2x=10$
　　∴ $x=5$

◀ $f(x)=2x+1$ のとき
たとえば
指令 $f(3)$ とは $f(x)=2x+1$
　　　　　　　　　↑　　↑
　　　　　　　　　3　　3
　　　　　　　　に変えよ
　　　　　　　　　　　という指令

指令
$f(\underline{f(x)})$
　∥
$f(2x+1)$ とは $f(x)=2x+1$
　　　　　　　　↑　　↑
　　　　　　　$2x+1$　$2x+1$
　　　　　　　　に変えよ
　　　　　　　　　　　という指令

[例4] 関数 $y=f(x)$ のグラフは，図のような折れ線になっている．

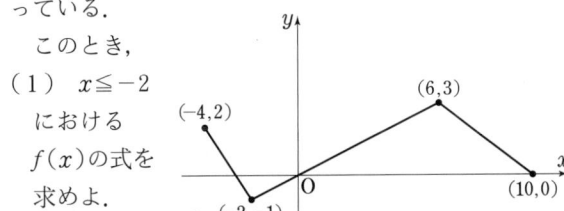

このとき，
（1） $x \leqq -2$ における $f(x)$ の式を求めよ．
（2） $f(x)=1$ をみたす x の値は何個あるか．
（3） $0<x<10$ の範囲で $f(x+1)=f(x)$ となる x の値を求めよ．

解 （1） $(-4, 2)$, $(-2, -1)$ を通る直線の式は
$$y=-\frac{3}{2}x-4 \quad \therefore \quad f(x)=-\frac{3}{2}x-4$$

（2） 図より，**3個**

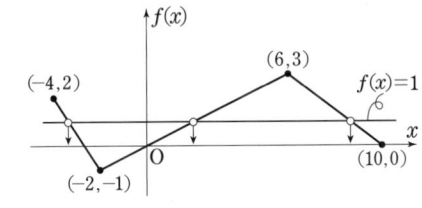

（3） $\frac{1}{2}x = -\frac{3}{4}(x+1) + \frac{15}{2}$

より $x = \frac{27}{5}$

◇ $f(x+1)=f(x)$ とは何か……
x の関数（x にともなって変わる数）が，いま2つあり，一方の x に対応する数アと他方の $x+1$ に対応する数イが等しいということ．

ア → $\frac{1}{2}x$

イ → $-\frac{3}{4}(x+1) + \frac{15}{2}$

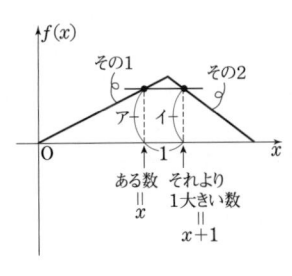

◀グラフは，次の3本の直線
$f(x) = -\frac{3}{2}x - 4$
$\quad (-4 \leqq x \leqq -2)$
$f(x) = \frac{1}{2}x \quad (-2 \leqq x \leqq 6)$
$f(x) = -\frac{3}{4}x + \frac{15}{2}$
$\quad (6 \leqq x \leqq 10)$
からなっている．
$f(x)=1$ となる x は，順に
$x = -\frac{10}{3}, \ 2, \ \frac{26}{3}$

◀グラフで…

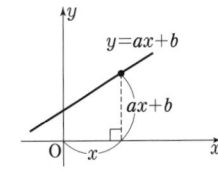

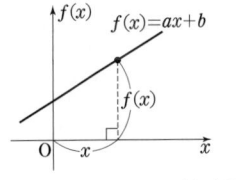

$y=ax+b$ において $ax+b$

$f(x)=ax+b$ において $f(x)$

ということ．

関数 テーマ別最重要項目のまとめ[2]

いろいろなグラフ

変則的な
グラフの
性質点検
ということネ

座標平面に登場する「線」は，基本は直線と放物線で，円は図形として出てきますが，グラフとして扱われることはありません．入試に登場する他のグラフは，反比例を示す双曲線，あとは絶対値記号に対応した折れ線，さらに各種料金体系で使われる階段状グラフなどがあります．それぞれのグラフのポイントを整理してください．

2-1 反比例のグラフ $y = \dfrac{a}{x}$

ⅰ) $a > 0$ のとき　　ⅱ) $a < 0$ のとき

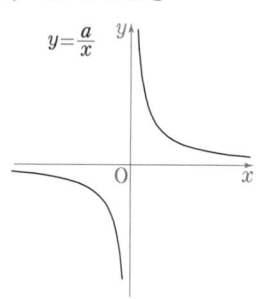

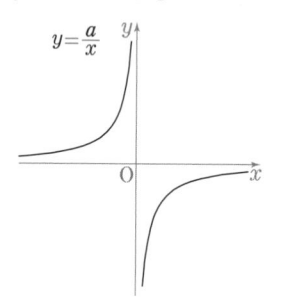

(例) $y = \dfrac{12}{x}$ のグラフ

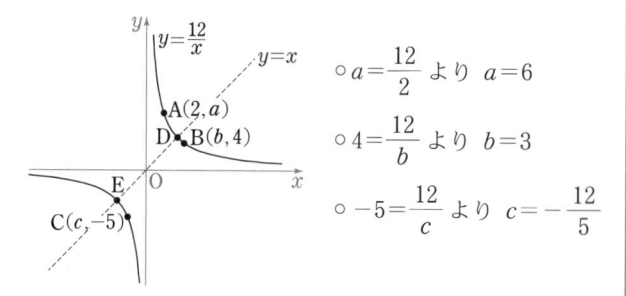

○ $a = \dfrac{12}{2}$ より $a = 6$

○ $4 = \dfrac{12}{b}$ より $b = 3$

○ $-5 = \dfrac{12}{c}$ より $c = -\dfrac{12}{5}$

○ $\begin{cases} y = x & \cdots ① \\ y = \dfrac{12}{x} & \cdots ② \end{cases}$ ①，②より $x = \dfrac{12}{x}$ ∴ $x^2 = 12$

$x = \pm 2\sqrt{3}$ より

　　D$(2\sqrt{3},\ 2\sqrt{3})$，E$(-2\sqrt{3},\ -2\sqrt{3})$

◀反比例のグラフは「双曲線」と呼ばれる．正確には直角双曲線といわれるものだが，直角双曲線でない双曲線は，高校数学の内容．

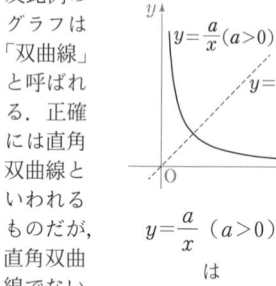

$y = \dfrac{a}{x}\ (a > 0)$ は 直線 $y = x$ に関して対称．

◀反比例の式を示す $y = \dfrac{a}{x}$ は，もちろん，$a \neq 0$ のとき．つまり正確には，$y = \dfrac{a}{x}\ (a \neq 0)$.

$y = \dfrac{0}{x}$ (すなわち $xy = 0$) のグラフについて考える意味はない．

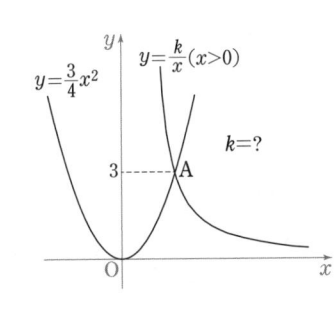

$3 = \dfrac{3}{4}x^2$ $(x>0)$ より

$x = 2$ ∴ A$(2, 3)$

$3 = \dfrac{k}{2}$ より, $\boldsymbol{k = 6}$

2-2 絶対値記号に関するグラフ

［例1］ $y = |x|$

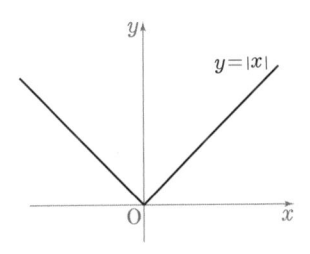

　i) $x > 0$ のとき
　　$|x| = x$ より $y = x$
　ii) $x = 0$ のとき
　　$|x| = 0$ より $y = 0$
　iii) $x < 0$ のとき
　　$|x| = -x$ より $y = -x$

◀ $x = 0$ のときは，i), ii)のどちらに含めても問題ないので，普通は
$\begin{cases} x \geqq 0 \text{ のとき} \\ x < 0 \text{ のとき} \end{cases}$
と，2つに分ける．

［例2］ $y = |x-1| - 1$

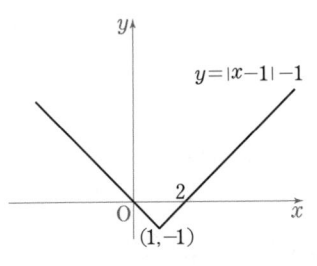

　i) $x - 1 \geqq 0$ すなわち
　　$x \geqq 1$ のとき
　　$|x-1| = x-1$ より
　　$y = x - 1 - 1$
　　∴ $y = x - 2$
　ii) $x - 1 < 0$ すなわち
　　$x < 1$ のとき
　　$|x-1| = -(x-1)$ より
　　$y = -(x-1) - 1$
　　∴ $y = -x$

◀ $y = |x-k| + a$ のグラフは…

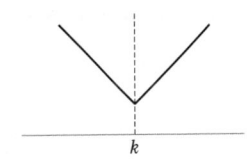

直線 $x = k$ に関して線対称ということ．

［例3］

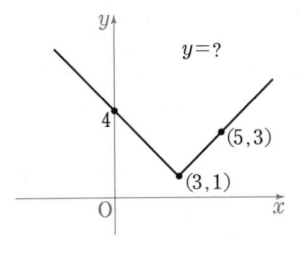

$\boldsymbol{y = |x-3| + 1}$

◀ $y = |x-3|$ のグラフを y 軸の正の方向に1ずらしたもの．

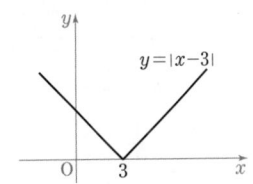

43

2-3　階段状グラフ

[例1]　タクシー料金
（例）「最初の 2 km 710 円，その後 288 m ごとに 90 円加算」

[例2]　電気料金（＝基本料金＋使用電力量料金）
（例）「使用電力量料金」
- 最初の 120 kWh まで，1 kWh あたり 16 円．
- 120 kWh を超え 300 kWh まで，1 kWh あたり 20 円．
- 300 kWh 超過，1 kWh あたり 24 円．

◀どちらも1ヶ月の料金．
　電力料金は，実際は「円」単位でなく，「○○円○○銭」と，「銭単位」で設定されている．

[例1]

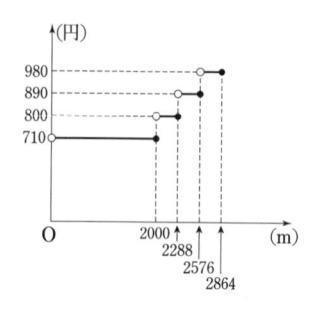

例えば…
乗車地点から 2.3 km の地点で降りた場合の料金は，グラフより 890 円．

[例2]

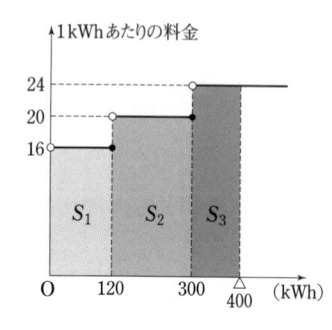

例えば…
ある月の使用電力量が 400 kWh であったとすると，図の $S_1+S_2+S_3$（面積の合計）が使用電力量料金となる．

◀電気料金の計算方法を示したホームページには「たくさん使えば使うほど，高い料金がかかるようになっています」とある．

電気料金＝基本料金（たとえば 720 円）＋使用電力量料金
　　　　＝720＋16×120＋20×180＋24×100
　　　　＝8640（円）

☞グラフの ○ と ● に注意．

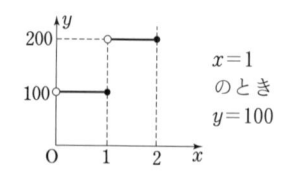

$x=1$ のとき $y=100$

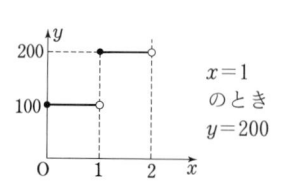

$x=1$ のとき $y=200$

2-4 ガウス記号とグラフ

┌─ ガウス記号 $[x]$ とは… ─────┐
│ $[x]$ … x を超えない最大の整数 │
└─────────────────────┘

(例)
- $[2.4] = 2$
- $[\sqrt{2}] = 1$
- $[-1.2] = -2$
- $[3] = 3$

☞ $[3]$ → 「3を超えない最大の整数」とは

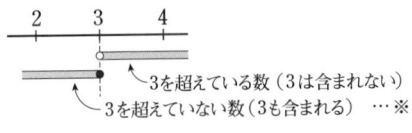

3を超えている数(3は含まれない)
3を超えていない数(3も含まれる) …※

※の中の最大の数は 3

[例1] $y = [x]$ ($-3 \leq x < 5$)のグラフ

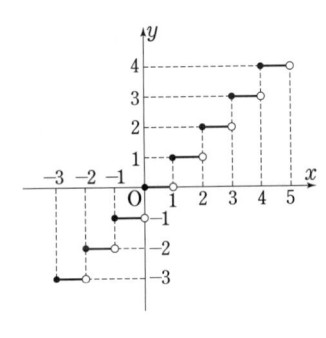

○ $-1 \leq x < 0$ のとき
　　$y = [x] = -1$
○ $0 \leq x < 1$ のとき
　　$y = [x] = 0$
○ $1 \leq x < 2$ のとき
　　$y = [x] = 1$

[例2] $y = x[x]$ ($-3 \leq x \leq 3$)のグラフ

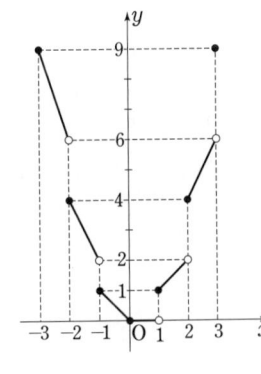

x の範囲	$[x]$ の値
$-3 \leq x < -2$	-3
$-2 \leq x < -1$	-2
$-1 \leq x < 0$	-1
$0 \leq x < 1$	0
$1 \leq x < 2$	1
$2 \leq x < 3$	2
$x = 3$	3

◆入試数学に登場する各種の演算記号(出題者が勝手に決めているもの). たとえば, ◎, △, ＜ ＞, ≪ ≫などとちがって, 数学における正式記号で, 高校数学でも扱われる.
　難関校受験生用に定義すると

┌─ ガウス記号 $[x]$ ──┐
│ $m \leq x < m+1$ のとき │
│ (m は整数) │
│ 　　$[x] = m$ │
│ 　　⇓ (これより) │
│ $[x] \leq x < [x]+1$ ※ │
└──────────┘

(問い) $\left[\dfrac{3k+2}{7}\right] = 0$ である自然数 k を求めよ.

解 ※より, $0 \leq \dfrac{3k+2}{7} < 1$

　　$0 \leq 3k+2 < 7$
∴ $-\dfrac{2}{3} \leq k < \dfrac{5}{3}$
∴ $k = 1$

というように処理が可能.

◆左のように x の範囲を分けて…
$y = x[x]$ の式
　$y = -3x$
　$y = -2x$
　$y = -x$
　$y = 0$
　$y = x$
　$y = 2x$
　$y = 9$

45

関数 テーマ別最重要項目のまとめ[3]
座標平面上の円

座標平面に現れる円の性質とは…

円という図形は，単独で存在していると単純極まりない図形ですが，直線が重なったとたんに実にさまざまな性質を浮かび上がらせます．そして，座標平面では，中心の位置や接線の方程式など，平面図形の一つとして登場した際には扱われることのなかった性質に光があてられることになります．

3-1 中心の座標

(例1)

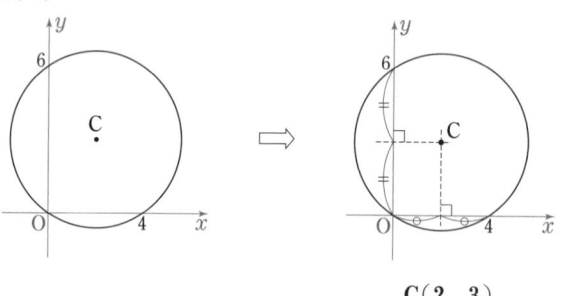

⇒ C(2, 3)

◀ ∠AOB =90°であることから，ABは直径とわかるので，CはABの中点．
$\left(\dfrac{4+0}{2}, \dfrac{0+6}{2}\right)$ としてもよい．

(例2)

⇒

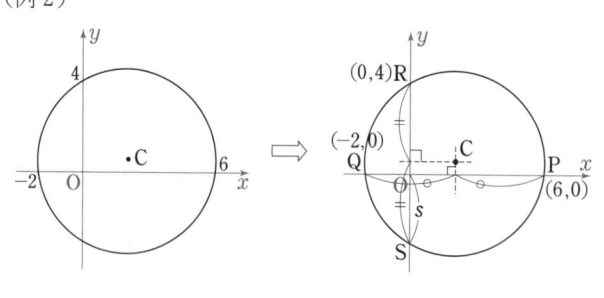

円の中心の座標
2つの弦の
垂直二等分線の交点

方べきの定理より
$6 \times 2 = 4 \times s$ ∴ $s = 3$
∴ $C\left(\dfrac{6+(-2)}{2}, \dfrac{4+(-3)}{2}\right)$
$= \left(2, \dfrac{1}{2}\right)$

◀ 数学ハンドブック／図形編
p.84, **9-04**(例3)

3-2 内心の座標

(例1)

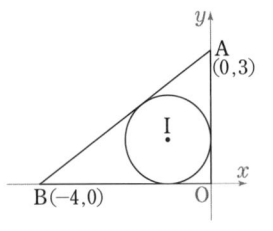

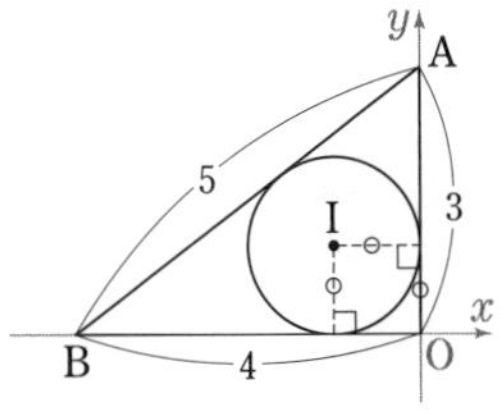

▷半径 r を求める → $r=1$

I$(-1, 1)$

◀ 内心＝内接円の中心

◀ $AB=\sqrt{3^2+4^2}=5$

▷面積を使って，
$(5+4+3)\times r \times \dfrac{1}{2}=4\times 3\times \dfrac{1}{2}$
∴ $r=1$

▷接線の長さの関係から，
$(4-r)+(3-r)=5$ より
$r=1$

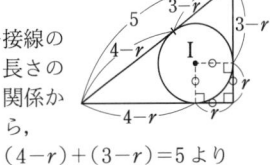

(例2)

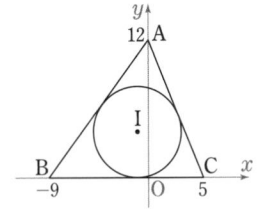

(方法1)

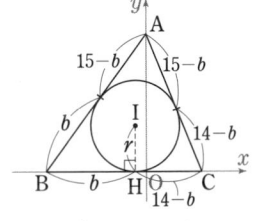

▷半径 r を求める $r=4$
▷接線の長さ b を求める
$b=8$ $-9+8=-1$
∴ H$(-1, 0)$
▷座標 I を求める **I$(-1, 4)$**

○ $AB=\sqrt{9^2+12^2}=15$,
$AC=\sqrt{5^2+12^2}=13$

○ $\triangle ABC=14\times 12\times \dfrac{1}{2}=84$

○ $(15+14+13)\times r\times \dfrac{1}{2}=84$
より, $r=4$

○ $14-b+15-b=13$ より,
$b=8$

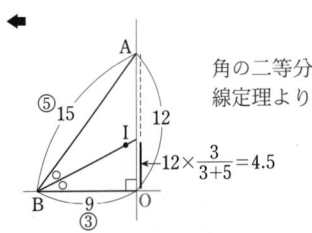

内心の座標
2つの
角の二等分線の交点

(方法2)

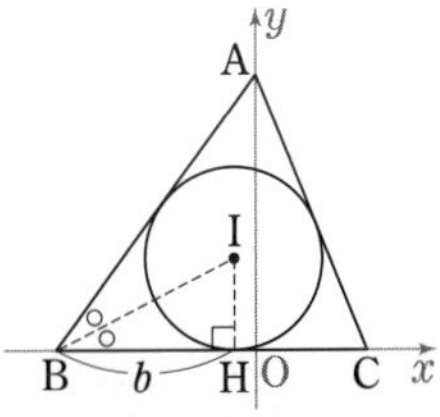

▷接線の長さ b を求める
$b=8$ ∴ H$(-1, 0)$
▷直線 BI の式を求める
$y=\dfrac{1}{2}x+\dfrac{9}{2}$
▷座標 I を求める
$y=\dfrac{1}{2}\times(-1)+\dfrac{9}{2}=4$
∴ **I$(-1, 4)$**

◀ 角の二等分線定理より
$12\times \dfrac{3}{3+5}=4.5$

BI の傾き $=\dfrac{4.5}{9}=\dfrac{1}{2}$

∴ $y=\dfrac{1}{2}x+\dfrac{9}{2}$

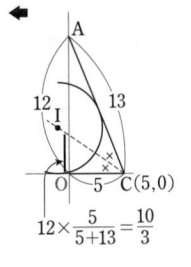

◀ CI の傾き
$=-\dfrac{\frac{10}{3}}{5}$
$=-\dfrac{2}{3}$

$12\times \dfrac{5}{5+13}=\dfrac{10}{3}$

(方法3)

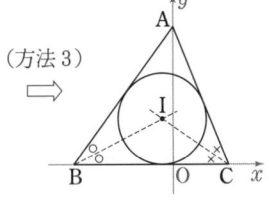

▷直線 BI の式を求める
▷直線 CI の式を求める
$y=-\dfrac{2}{3}x+\dfrac{10}{3}$
これより, **I$(-1, 4)$**

47

3-3 外心の座標
（例1）

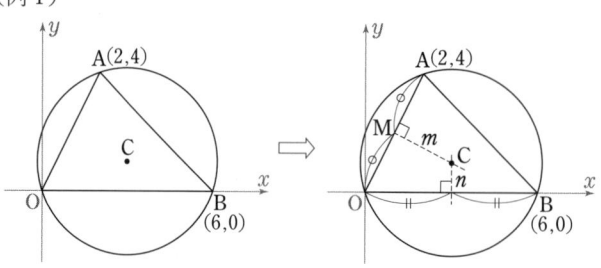

←外心＝外接円の中心

▷OA の垂直二等分線 m の式を求める
→ $y=-\dfrac{1}{2}x+\dfrac{5}{2}$ ……①

▷OB の垂直二等分線 n の式を求める
→ $x=3$ ……②

①，②より，$C(3,1)$

←直線 OA の傾き＝2 より
直線 MC の傾き＝$-\dfrac{1}{2}$
OA の中点 $M(1,2)$
傾き $-\dfrac{1}{2}$ で $(1,2)$ を通る直線
の式は $y=-\dfrac{1}{2}(x-1)+2$

外心の座標
2辺の
垂直二等分線の交点

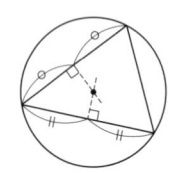

3-4 接線の式
（例1）

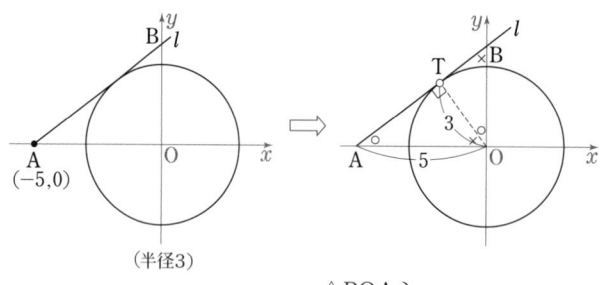

（半径3）

接線 l の式は？

$\left.\begin{array}{l}\triangle \text{BOA}\\ \triangle \text{BTO}\\ \triangle \text{OTA}\end{array}\right\}$ 3辺の比が 3：4：5 の直角三角形

$OB=3\times\dfrac{5}{4}=\dfrac{15}{4}$

∴ $y=\dfrac{3}{4}x+\dfrac{15}{4}$

←接点 T の座標は
$\left(-\dfrac{9}{5},\dfrac{12}{5}\right)$
とわかる．

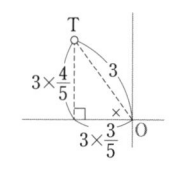

(例2)

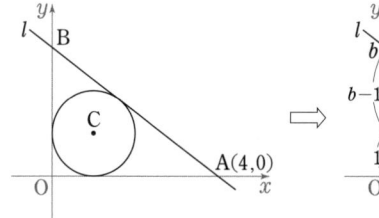

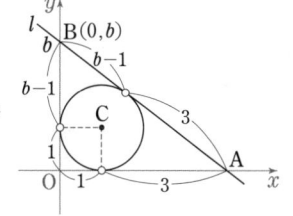

C(1, 1) のとき
円Cの接線 l の式？

$b^2+4^2=(b-1+3)^2$ より
$b=3$
$\therefore\ l: y=-\dfrac{3}{4}x+3$

(例3)

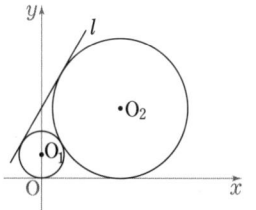

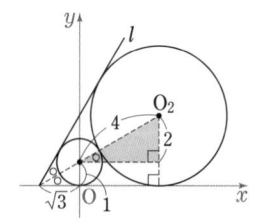

$\begin{bmatrix} \text{円}O_1\text{の半径}=1 \\ \text{円}O_2\text{の半径}=3 \end{bmatrix}$ のとき

2円の共通接線 l の式？

色のついた三角形
→ 30°定規形
(○ = 30°)
$\begin{cases} \text{直線の傾き}\ \sqrt{3} \\ \text{切片}\ \ \ \ \ 3 \end{cases}$
$\therefore\ y=\sqrt{3}\,x+3$

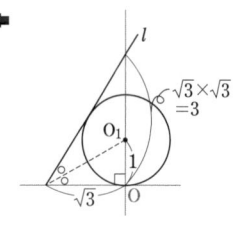

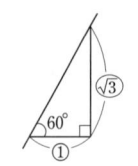

$\sqrt{3}\times\sqrt{3}=3$

(例4)

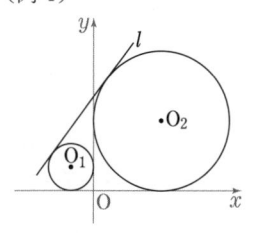

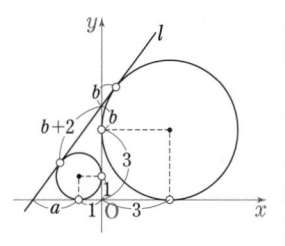

$\begin{bmatrix} \text{円}O_1\text{の半径}=1 \\ \text{円}O_2\text{の半径}=3 \end{bmatrix}$ のとき

2円の共通接線 l の式？

$b+b+2=1+3$
より $b=1$
$a=2$
$\therefore\ l: y=\dfrac{4}{3}x+4$

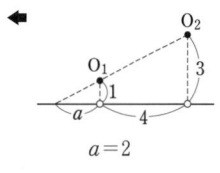

$a=2$

(または) 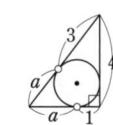
$(a+1)^2+4^2=(a+3)^2$
より
$a=2$

49

関数　テーマ別最重要項目のまとめ[4]

道具としての座標

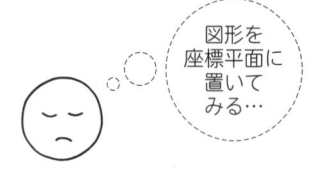

図形を座標平面に置いてみる…

高校受験数学では，どちらかというと珍しい部類に入るのですが，座標平面を利用して平面図形を解く，という独特の解法があります．座標平面は，点の位置を座標という方式で特定するという画期的なシステムを備えた工房のようなものです．媒介変数というテーマと＜座標平面に置く＞という発想(解法)を確認してください．

4 〈媒介変数〉という変数

4-1 変数 x, y を関係づける文字

(例) 2つの変数 x, y が文字 t で次のように表されるとき，y を x を用いて表せ．

① $x=3t$, $y=2t$
② $x=2t+1$, $y=3t-1$
③ $x=3t$, $y=2t^2$

▱ t は，x, y を関係づける第3の変数ということ．

解
① $t=\dfrac{1}{3}x$, これを $y=2t$ に代入して，$\boldsymbol{y=\dfrac{2}{3}x}$

② $t=\dfrac{x-1}{2}$, これを $y=3t-1$ に代入して，

$y=3\times\dfrac{x-1}{2}-1$ より $\boldsymbol{y=\dfrac{3}{2}x-\dfrac{5}{2}}$

③ $t=\dfrac{1}{3}x$, これを $y=2t^2$ に代入して，

$y=2\times\left(\dfrac{1}{3}x\right)^2$ ∴ $\boldsymbol{y=\dfrac{2}{9}x^2}$

☆ポイント[1]

<small>2つの</small>
変数 x, y を関係づける変数 t を
〈媒介変数〉という

☆ポイント[2]

〈媒介変数〉を消去することにより
⇓
x, y の関係式が現れる

▱ 本格的には，高校数学で学ぶ．

◀第3の文字は，何でもよい．a で表されることが多い．

◀ $x=3t$, $y=2t$
 → $y=\dfrac{2}{3}x$　※①

$x=2t+1$, $y=3t-1$
 → $y=\dfrac{3}{2}x-\dfrac{5}{2}$　※②

$x=3t$, $y=2t^2$
 → $y=\dfrac{2}{9}x^2$　※③

※①, ※②, ※③ どれも t が消えている！

▱ t を消去する方法として…
(例)
② … $\begin{cases} x=2t+1 \cdots(\text{i}) \\ y=3t-1 \cdots(\text{ii}) \end{cases}$

(i)×3−(ii)×2 より

$\begin{array}{r} 3x=6t+3 \\ -)\ 2y=6t-2 \\ \hline 3x-2y=5 \end{array}$

以下略 としてもよい．

4-2 点Rが描く図形の方程式

（例1） 右の図で，点P，Sがx軸上を，点Qが直線$y=2x+1$上を，四角形PQRSが正方形となるように動く（ただし，Pのx座標は正）．このとき，点Rが描く図形の方程式を求めよ．

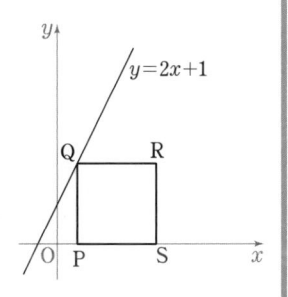

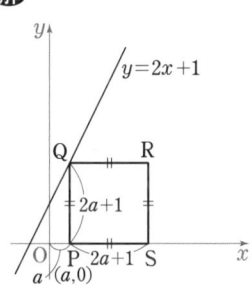

解 点P$(a, 0)$とすると…
$y=2a+1 (=PQ)$より
点Q$(a, 2a+1)$
PS=PQ=$2a+1$
∴ OS=$3a+1$
∴ 点R$(\underbrace{3a+1}_{x座標}, \underbrace{2a+1}_{y座標})$

点Rについて $\begin{cases} x=3a+1 \cdots ① \\ y=2a+1 \cdots ② \end{cases}$

①×2−②×3 より，$2x-3y=-1$ ∴ $\boldsymbol{y=\dfrac{2}{3}x+\dfrac{1}{3}}$

←図のようになっている．

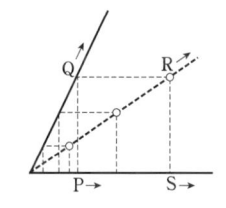

←動点Rのx座標・y座標を第3の文字aで表した（媒介変数aで表示）ということ．

（例2） 右の図で，点Pは放物線$y=x^2$ $(x>0)$上を，点Q，Sは放物線$y=\dfrac{1}{4}x^2$ $(x>0)$上を，四角形PQRSが長方形（各辺が座標軸に平行）となるように動く．このとき，点Rが描く図形の方程式を求めよ．

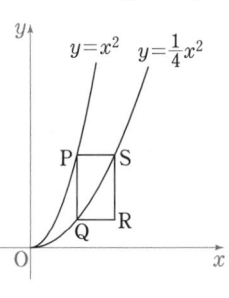

解 点P，Qのx座標を$t(>0)$とする．

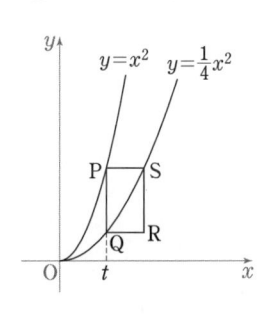

点Q，Rのy座標は $\dfrac{1}{4}t^2$

点P，Sのy座標は t^2

これより，S，Rのx座標は

$t^2=\dfrac{1}{4}x^2$ $(t>0)$より $x=2t$

点Rについて $\begin{cases} x=2t \cdots\cdots ① \\ y=\dfrac{1}{4}t^2 \cdots ② \end{cases}$

①より，$t=\dfrac{x}{2}$，これを②に代入．

$y=\dfrac{1}{4}\times\left(\dfrac{x}{2}\right)^2$ より，$\boldsymbol{y=\dfrac{1}{16}x^2}$

←動点Rのx座標・y座標を第3の文字tで表した（媒介変数tで表示）ということ．

5 座標平面に置く

5-1 点の動きを座標平面で追う

(例) 図のように，1辺6cmの正方形があり，点Pは正方形の内部を動くものとする．△APB，△APDの面積をそれぞれ S_1，S_2 とするとき，$S_1 : S_2 = 3 : 2$ となる点Pは，どのような線上を動くか．

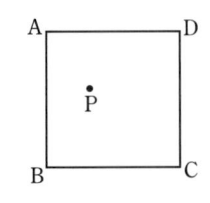

解 四角形ABCDを，図のように座標平面上に置き，点P(x, y)とする．

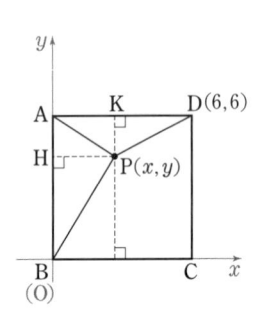

図の PH $= x$, PK $= 6-y$
$S_1 : S_2 =$ PH : PK より，
(底辺が等しい)
$x : (6-y) = 3 : 2$
$2x = 3(6-y)$ より
∴ $y = -\dfrac{2}{3}x + 6$ … l

右図の直線 l 上を動く．

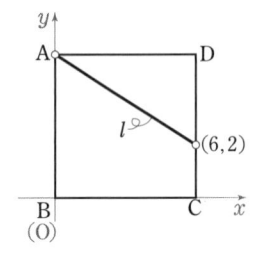

◀題意に適する点を何点かとってみれば見当はつく．また，図形の性質から確認することもできる．

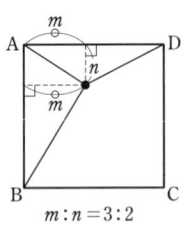

$m : n = 3 : 2$

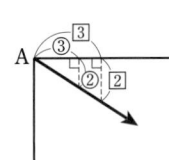

☆ポイント [3]

┌──図形を座標平面に置くとき…
│　〈1〉　置き方(置く位置)は自由．#
│　〈2〉　置いて，座標を設定する．
│　　　　──数値または文字で──
└─────────────────

☞ #座標を設定しやすいように置く．

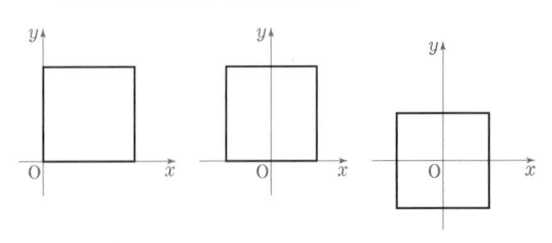

5-2 図形の証明問題を座標平面に置く

（例1） △ABC の辺 BC の中点を M とするとき，
$$AB^2 + AC^2 = 2(AM^2 + BM^2)$$
を証明せよ．

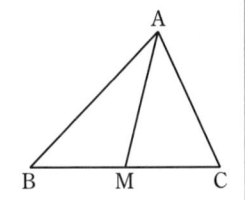

解 △ABC を図のような座標平面上に置く．

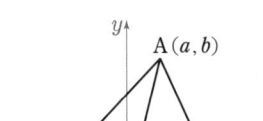

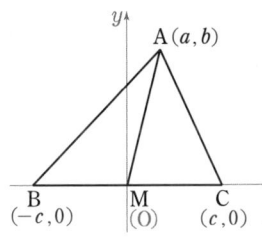

$AB^2 = \{a-(-c)\}^2 + (b-0)^2$
$\quad = a^2 + 2ac + c^2 + b^2$
$AC^2 = (a-c)^2 + (b-0)^2$
$\quad = a^2 - 2ac + c^2 + b^2$
$\therefore\ AB^2 + AC^2$
$\quad = 2(a^2 + b^2 + c^2)$ …①

$AM^2 = (a-0)^2 + (b-0)^2 = a^2 + b^2,\ BM^2 = c^2$
$\therefore\ AM^2 + BM^2 = a^2 + b^2 + c^2$ ……②

①，②より，$AB^2 + AC^2 = 2(AM^2 + BM^2)$

座標平面上の2点間の距離

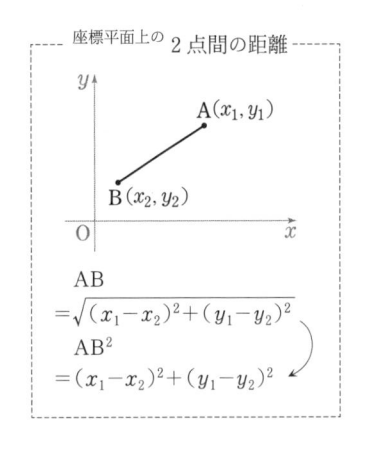

$AB = \sqrt{(x_1-x_2)^2 + (y_1-y_2)^2}$
$AB^2 = (x_1-x_2)^2 + (y_1-y_2)^2$

（例2） 正方形 ABCD の辺 AB 上に任意の点 P をとり，辺 AD の延長上に点 Q を，BP＝DQ となるようにとる．PQ の中点を R とするとき，R は常に対角線 BD 上にあることを証明せよ．

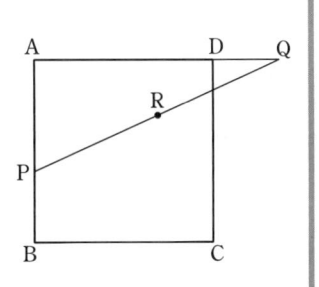

解 次のように，座標平面に置く．

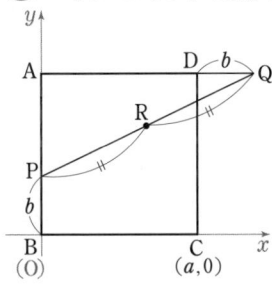

正方形の一辺を a，BP＝DQ＝b とする．
P$(0,\ b)$
Q$(a+b,\ a)$
R$\left(\dfrac{0+a+b}{2},\ \dfrac{b+a}{2}\right)$
より，R$\left(\dfrac{a+b}{2},\ \dfrac{a+b}{2}\right)$

$\therefore$ R は直線 $y=x$ 上（BD 上）にある．

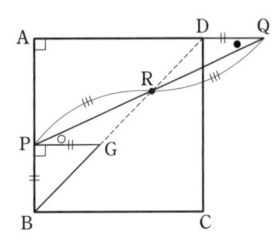

◀普通に（図形的に）証明すると，
「上図のように点 G を，三角形 GPB が直角二等辺三角形になるようにとる（G は対角線 BD 上の点）．
PG∥DQ より，○＝●
PG＝PB＝QD，PR＝QR
よって，△PRG≡△QRD
$\therefore$ ∠PRG＝∠QRD
ゆえに，G，R，D は一直線上にあるから，R は対角線 BD 上にある．」

53

関数 テーマ別最重要項目のまとめ [5]
座標平面上の円と放物線

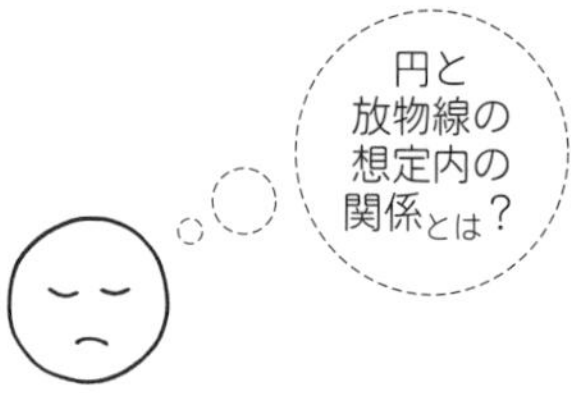

円と放物線の想定内の関係とは？

一筋縄ではいかないテーマ「円」と，これまた複雑な放物線のコンビは最強，いや最難か…．実は，実際に2つが同時に登場する座標平面では，中学数学の範囲ということから，内容が極めて限定的なものになります．経験を少し重ねれば，座標平面上での2つの図形の関係が想定内テーマとなっていくでしょう．

6–1 放物線と交わる円 その1

（例1）図のように，x軸，y軸の両方に接する円の中心Pが放物線$y=2x^2$（$x>0$）上にあるとき，Pの座標は＿＿．

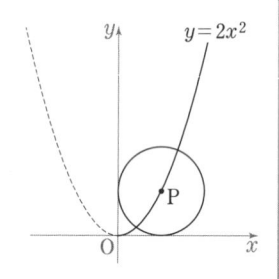

解 その1 円の半径をrとすると，P(r, r)

これが$y=2x^2$上にあるので，$r=2r^2$

$2r^2-r=0$ より，
$r(2r-1)=0$

∴ $r=\dfrac{1}{2}$ これより P$\left(\dfrac{1}{2}, \dfrac{1}{2}\right)$

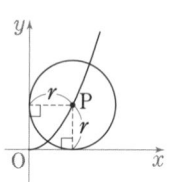

解 その2

Pは直線$y=x$上にある．
$\begin{cases} y=2x^2 \cdots\cdots ① \\ y=x \cdots\cdots ② \end{cases}$

①，②より，$2x^2-x=0$

$x(2x-1)=0$ より $x=\dfrac{1}{2}$

∴ P$\left(\dfrac{1}{2}, \dfrac{1}{2}\right)$

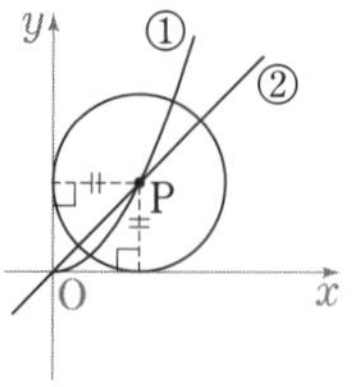

☞ Pが$y=2x^2$上にあることから，P(k, $2k^2$)として，$k=2k^2$（以下略）としても同じ．

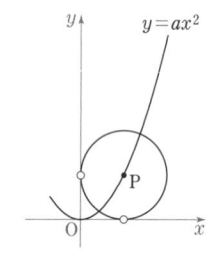

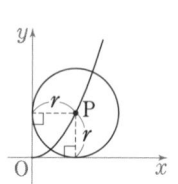

←一般に，上のように$y=ax^2$上に円Pの中心がある場合，
$\begin{cases} y=ax^2\ (a\neq 0) \cdots\cdots ① \\ y=x \cdots\cdots ② \end{cases}$
Pは①，②の交点であり，
$ax^2-x=0$ より $x(ax-1)=0$

∴ $x=\dfrac{1}{a}$

これより，P$\left(\dfrac{1}{a}, \dfrac{1}{a}\right)$ となる．

（例2） 図のように，x 軸，直線 $x=1$ の両方に接する円の中心 P が放物線 $y=\dfrac{1}{4}x^2$ $(x>1)$ 上にあるとき，P の座標は ☐．

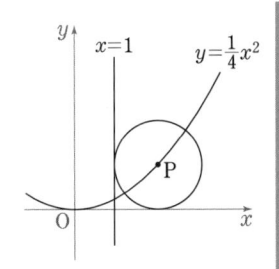

解 $P\left(p,\ \dfrac{1}{4}p^2\right)$ とする．
$\dfrac{1}{4}p^2 = p-1$ より
$p^2 - 4p + 4 = 0$
$(p-2)^2 = 0$ ∴ $p=2$
∴ **P(2, 1)**

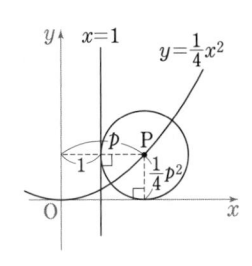

◂ 点 P は，$(1,\ 0)$ を通り傾き 1 の直線 l ($y=x-1$) と放物線 $y=\dfrac{1}{4}x^2$ との交点(実は接点)ということになっている．

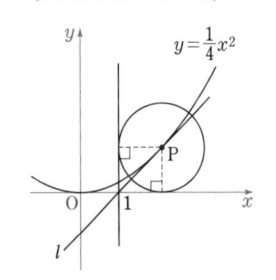

6-2 放物線と交わる円 その2

（例） 図のように，放物線 $y=x^2$ と直線 $y=x+6$ の交点を A，B とするとき，AB を直径とする円と y 軸との交点 D，E の座標はそれぞれ ☐，☐．

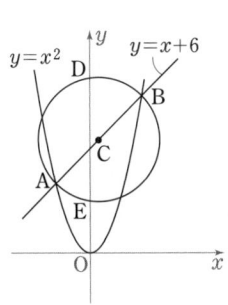

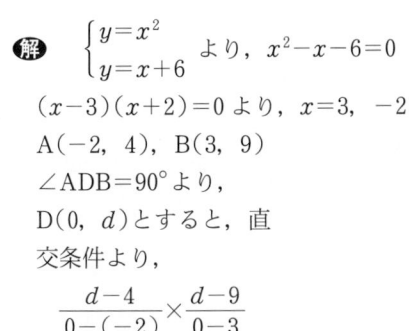

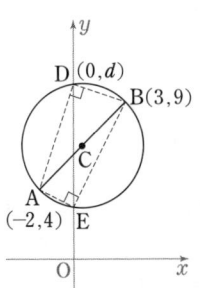

解 $\begin{cases} y=x^2 \\ y=x+6 \end{cases}$ より，$x^2 - x - 6 = 0$
$(x-3)(x+2)=0$ より，$x=3,\ -2$
A$(-2,\ 4)$，B$(3,\ 9)$
$\angle ADB = 90°$ より，D$(0,\ d)$ とすると，直交条件より，
$\dfrac{d-4}{0-(-2)} \times \dfrac{d-9}{0-3} = -1$
∴ $d^2 - 13d + 30 = 0$
$(d-10)(d-3) = 0$
より，$d = 10,\ 3$
これより，
D(0, 10)，E(0, 3)

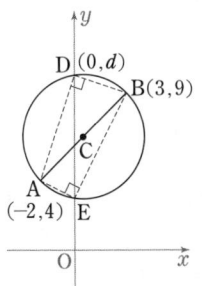

◂ このあと，AB の中点である C の座標 $\left(\dfrac{1}{2},\ \dfrac{13}{2}\right)$ と円 C の半径を求めて $\left(=\dfrac{5\sqrt{2}}{2}\right)$，
$\left(d-\dfrac{13}{2}\right)^2 + \left(\dfrac{1}{2}\right)^2 = \left(\dfrac{5\sqrt{2}}{2}\right)^2$
とすることもできる．

◂ E の座標についても，同じ直交条件から，同じ 2 次方程式ができる(上の，半径を利用する方法も同様)．つまり，条件を満たす 2 つの座標が 1 つの式から定まる，ということ．

6-3　放物線と接する円

（例1）図のように, y 軸上に中心がある円Cは, 点Pにおいて直線 $y=4x-4$ と接し, Pは放物線 $y=x^2$ の上にある. このとき, Cの座標は ☐ .

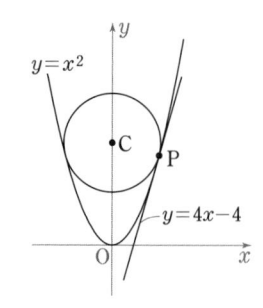

解　$\begin{cases} y=x^2 \cdots\cdots① \\ y=4x-4 \cdots② \end{cases}$

①, ②より,
$$x^2-4x+4=0$$
$(x-2)^2=0$ より, $x=2$
∴　P(2, 4)

Cは, 点Pにおける直線②の垂線と y 軸との交点.
②の傾きが4より, 図の
CH : HP = 1 : 4
CH = $2 \times \dfrac{1}{4} = \dfrac{1}{2}$

∴　$C\left(0, 4+\dfrac{1}{2}\right)$ より, $C\left(0, \dfrac{9}{2}\right)$

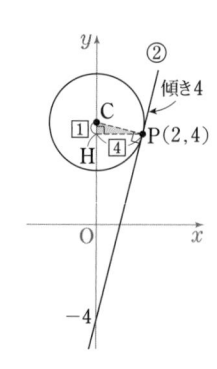

（例2）図のように, 直線 $y=x+b \cdots①$ と y 軸に接する円Cがあり, 円Cと①の接点Pは放物線 $y=x^2 \cdots②$ 上の点で, ①は点Pにおいて②と接している. このとき,
(1) $b=$ ☐
(2) Cの座標は ☐ .

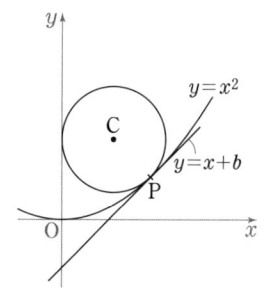

解　(1)　$\begin{cases} y=x+b \cdots① \\ y=x^2 \cdots\cdots② \end{cases}$

①, ②より, $x^2=x+b$, よって $x^2-x-b=0 \cdots$※
①, ②が接するのは, ※がただ1つの解をもつとき, すなわち, $\left(x-\dfrac{1}{2}\right)^2=0$, $x^2-x+\dfrac{1}{4}=0$ となるとき.

このとき, $x=\dfrac{1}{2}$ で, $-b=\dfrac{1}{4}$ より, $b=-\dfrac{1}{4}$

◀点Pは, 放物線 $y=x^2$ と直線 $y=4x-4$ の接点ということ.
このとき,
$\begin{cases} y=x^2 \cdots\cdots① \\ y=4x-4 \cdots② \end{cases}$
①, ②から導かれる2次方程式 $x^2=4x-4$ は「ただ1つの解をもつ」ことになる.

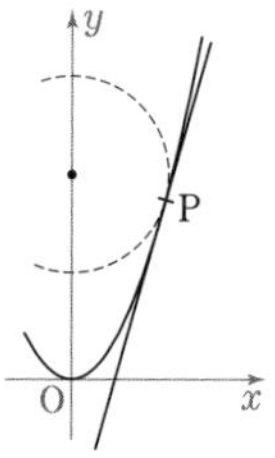

「ただ1つの解をもつ」2次方程式は…

| | 解 |
例・$(x-1)^2=0$　　1
・$\left(x+\dfrac{1}{2}\right)^2=0$　$-\dfrac{1}{2}$
・$(2x-3)^2=0$　$\dfrac{3}{2}$

つまり　$(x+☐)^2=0$
$(x-☐)^2=0$
$(○x+☐)^2=0$
$(○x-☐)^2=0$
という形をしている

また, $x^2+px+q=0$ がただ1つの解をもつのは, 解の公式
$$x=\dfrac{-p\pm\sqrt{p^2-4q}}{2}$$
の $\sqrt{\ }$ の中が0, すなわち $p^2-4q=0$ となることを利用して求めることもできる.

◀$x^2-x-b=0$
　└─ $-1x$ ということ
　⇩
$(x-☐)^2=0$
　└ $\dfrac{1}{2}$ のとき, $-1x$ が出てくる.

（2） $P\left(\dfrac{1}{2},\dfrac{1}{4}\right)$ より

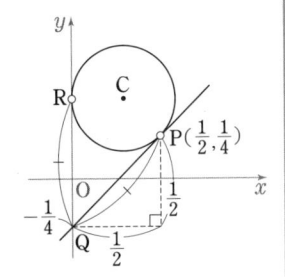

図の $RQ=PQ=\dfrac{1}{2}\times\sqrt{2}$

∴ C の y 座標 $=RQ-OQ$
$=\dfrac{\sqrt{2}}{2}-\dfrac{1}{4}$

C の x 座標（円の半径）を求める方法….

[方法Ⅰ] 関数で：垂線の式を求めて

直線①の傾きは1, よって，直線①′の傾きは-1．これより，直線①′は

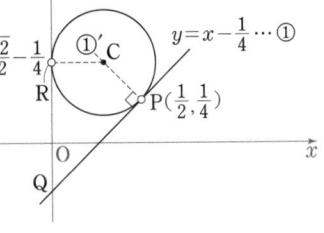

$y=-\left(x-\dfrac{1}{2}\right)+\dfrac{1}{4}$

これより，

$\dfrac{\sqrt{2}}{2}-\dfrac{1}{4}=-\left(x-\dfrac{1}{2}\right)+\dfrac{1}{4}$

∴ $x=1-\dfrac{\sqrt{2}}{2}$ よって $C\left(1-\dfrac{\sqrt{2}}{2},\ \dfrac{\sqrt{2}}{2}-\dfrac{1}{4}\right)$

◀知っていれば…，

> 傾き a で $(p,\ q)$ を通る直線
> ⇓
> $y=a(x-p)+q$

とし，知らなければ…，
$y=-x+n$ が $\left(\dfrac{1}{2},\ \dfrac{1}{4}\right)$ を通ることより，$\dfrac{1}{4}=-\dfrac{1}{2}+n$ とする．

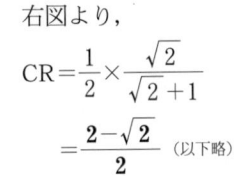

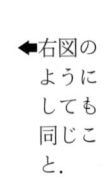

[方法Ⅱ] 図形でその1：角の二等分線定理などで

円の中心は∠PQRの二等分線上にあり，∠OQP$=45°$であるから，右の図で，角の二等分線定理より

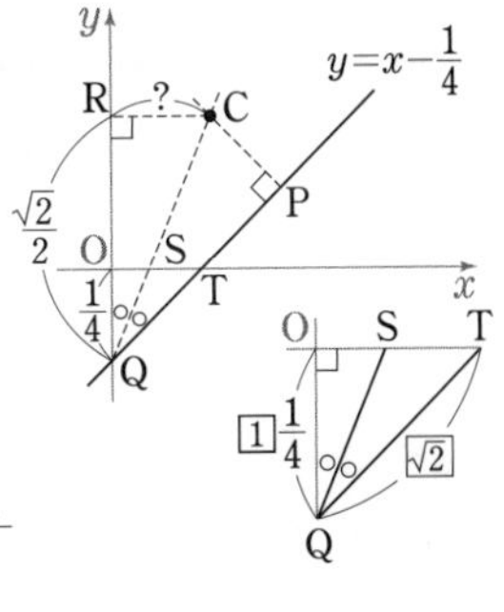

OS : ST = QO : QT
$\quad = 1 : \sqrt{2}$

$OS=\dfrac{1}{4}\times\dfrac{1}{1+\sqrt{2}}=\dfrac{\sqrt{2}-1}{4}$

QO : OS $= 1 : (\sqrt{2}-1)$ より

$RC=QR\times\dfrac{\sqrt{2}-1}{1}=\dfrac{\sqrt{2}}{2}\times\dfrac{\sqrt{2}-1}{1}=\dfrac{2-\sqrt{2}}{2}$ （以下略）

[方法Ⅲ] 図形でその2：45°定規形だけで

右図より，

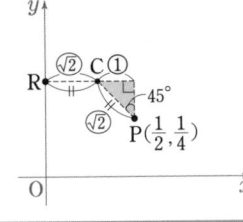

$CR=\dfrac{1}{2}\times\dfrac{\sqrt{2}}{\sqrt{2}+1}$

$=\dfrac{2-\sqrt{2}}{2}$ （以下略）

◀右図のようにしても同じこと．

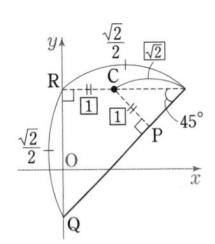

第2部 確 率

▶確率

［1］場合の数

（個別に攻略する意識が大事…）

受験生の多くが苦手とするのは，自分でだした答えが正解かどうかわからない，確信がもてない…という点が最大の理由でしょう．まず，「場合の数が不得意」という意識を封印し，「場合の数」の中の（自分の）正答率が低いテーマを個別に，たとえば整数，塗り分けなどのテーマを順に攻略していけば先が見えてきます．

▷基本性質 ①

1-1-1 「場合の数」とは——

ある事柄 A の起こり方が全部で a 通りあるとき
事柄 A が起こる場合の数は a 通りであるという．

1-1-2 「場合の数」の問い方（＝答え方）

- 「何通りあるか」→ ○○通り
- 「何種類あるか」→ ○○種類
- 「何個あるか」　→ ○○個
- 「何組あるか」　→ ○○組

などがある．

（例）　3つの数字 1，2，3 を並べてできる 3 ケタの数は何個できるか．
→　123, 132, 213, 231, 312, 321 の 6（個）

1-1-3 「場合の数」を求める道具①

［1］樹形図^{その1}：もどるタイプ

（例）　0，1，2，3のうちの3個の数字でできる3ケタの整数

百 十 一　　百 十 一　　百 十 一　　百 十 一

$1 \begin{cases} 0 < \begin{matrix}2\\3\end{matrix} \\ 2 < \begin{matrix}0\\3\end{matrix} \\ 3 < \begin{matrix}0\\2\end{matrix} \end{cases}$ 　 $2 \begin{cases} 0 < \begin{matrix}1\\3\end{matrix} \\ 1 < \begin{matrix}0\\3\end{matrix} \\ 3 < \begin{matrix}0\\1\end{matrix} \end{cases}$ 　 $3 \begin{cases} 0 < \begin{matrix}1\\2\end{matrix} \\ 1 < \begin{matrix}0\\2\end{matrix} \\ 2 < \begin{matrix}0\\1\end{matrix} \end{cases}$ 計18個　 $1 \begin{cases} 0 < \begin{matrix}2\\3\end{matrix} \\ 2 < \begin{matrix}0\\3\end{matrix} \\ 3 < \begin{matrix}0\\2\end{matrix} \end{cases}$

- - - → は数がもどっている
─→ は数がもどっていない

☞百の位が1のとき（6通り）を確認して，6×3＝18（個）としてもよい．

樹形図その2：もどらないタイプ

（例） 円周上の5点A，B，C，D，Eのうちの3点を頂点とする三角形

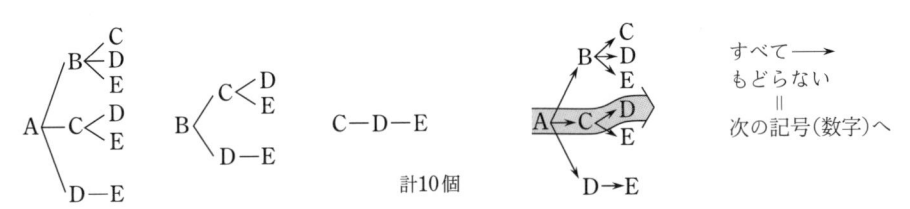

$$A\begin{cases}B<\begin{matrix}C\\D\\E\end{matrix}\\C<\begin{matrix}D\\E\end{matrix}\\D—E\end{cases} \quad B<\begin{matrix}C<\begin{matrix}D\\E\end{matrix}\\D—E\end{matrix} \quad C—D—E$$

計10個

すべて →
もどらない
‖
次の記号(数字)へ

```
樹形図では
[Ⅰ] タイプ1：もどらないといけない（モレないように）
[Ⅱ] タイプ2：もどってはいけない（ダブラないように）
    の区別に注意
```

［2］ **表**：2個のサイコロ
（例） 大小2個のサイコロを投げて…

① 目の和が3の倍数　　② 目の差が2　　③ 目の積が4の倍数

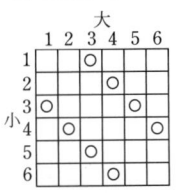

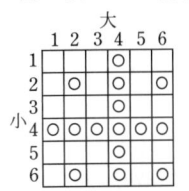

☞ 単に，「1+2，2+1，…」と書き並べたり樹形図を使って書くより，サイコロが2個のこの表は，視覚的(ビジュアル)にチェックできるので，活用すべきである．書き出してモレがあっても気づかないことはよくあるが，この表の○印が1箇所抜けるということは普通起こらない．

```
サイコロは…
○2個の目の出方
 ⇒ 6² = 36（通り）
○3個の目の出方
 ⇒ 6³ = 216（通り）
※「大小2個」でなく
  「単なる2個」でも
 → 36（通り）ということ
```

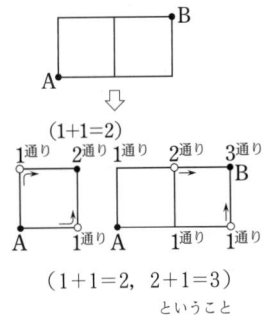

［3］ **書き込み**：道順など
（例1） AからBへ遠まわりしないで行く方法

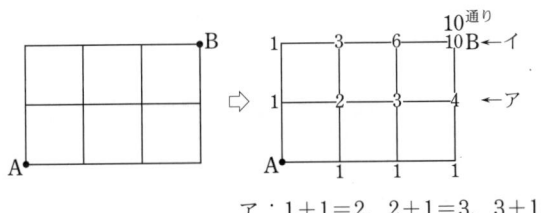

ア：1+1=2，2+1=3，3+1=4
イ：1+2=3，3+3=6，6+4=10
ということ

(1+1=2)
(1+1=2，2+1=3)
ということ

☞ p.68 参照．
$_5C_2 = \dfrac{5\times 4}{2\times 1} = 10$（通り）　とすることもできる．

（例2） ○秒後に点□に移る方法（同じ点を何度通ってもよいとして）

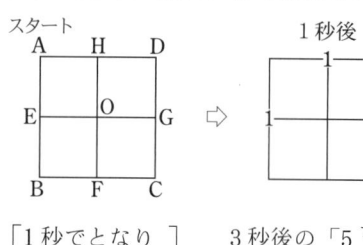

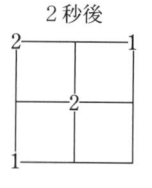

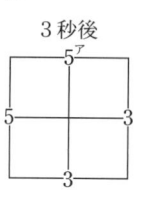

スタート：A H D ／ E O G ／ B F C

1秒後： 上辺 1、中央 1、下辺 1
2秒後： 2, 1 ／ 2 ／ 1
3秒後： 5ア, 3 ／ 5, 3 ／ 3

［1秒でとなりの点に移るとして，4秒後に点Oに移る方法は？］

3秒後の「5ア」は… 2 → 5 ← 1、2 ということ

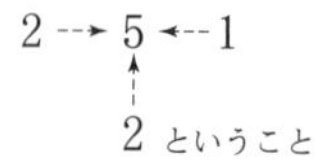

4秒後の「16」は… 5 → 16 ← 3、5 ／ 3 ということ

4秒後： 10, 8 ／ 16 ／ 8, 6

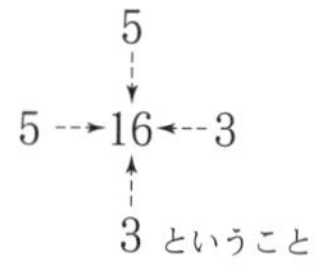

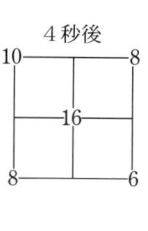

▷基本性質 2

1-2-1 「場合の数」を求める道具② ——「たす」と「かける」（和の法則・積の法則）

「たす」と「かける」の使い分け

（例1） みかん，ナシ，りんご，シュークリーム，ショートケーキが1個ずつあるとき，

▷果物かケーキを1個取る（方法は）…

果物（の取り方） 3通り ＋（たす） ケーキ（の取り方） 2通り ＝ 5（通り）
㊥和

〈果物を取る〉と〈ケーキを取る〉ということが…

［同時には起こらない（ともに）］

☞一方を取ると他方は取れない（ということ）

▷果物とケーキを1個ずつ取る（方法は）…

果物（の取り方） 3通り ×（かける） ケーキ（の取り方） 2通り ＝ 6（通り）
㊥積

〈果物を取る〉と〈ケーキを取る〉ということが…

［同時に起こる（ともに）］

☞一方を取りさらに他方も取る（ということ）

み—シュ 1,2
ナ—ショ 3,4
り   5,6   （計6通り）となる．

（例2） 右図のような路線図で…

▷A町からC町に行く（方法は）…

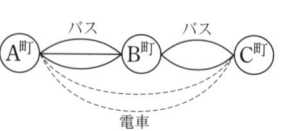

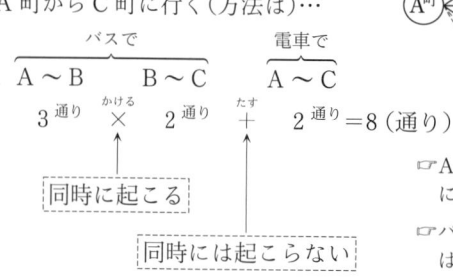

A町 — B町 — C町（バス・電車）

A→B バス3路線
B→C バス2路線
A→C 電車2路線

バスで： A〜B 3通り ×（かける） B〜C 2通り ＋（たす） 電車で： A〜C 2通り ＝ 8（通り）

［同時に起こる］　［同時には起こらない］

☞A〜Bをバス，B〜Cをバスということが同時に（ともに）起こらないとAからCに行けない．

☞バスで行くということと電車で行くということは同時には起こらない．

（例3） 0, 1, 2, 3の4個の数字で(同じ数を使わずに)できる3ケタの整数

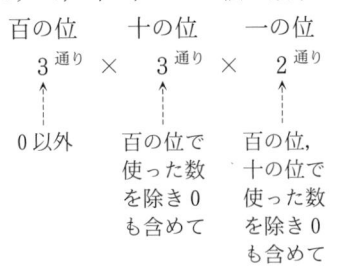

　　　百の位　　十の位　　一の位
　　　3通り　×　3通り　×　2通り
　　　　↑　　　　↑　　　　↑
　　　0以外　　百の位で　　百の位,
　　　　　　　使った数　　十の位で
　　　　　　　を除き0　　使った数
　　　　　　　も含めて　　を除き0
　　　　　　　　　　　　　も含めて

☞ なぜ「かける」なのか
　　百の位に，例えば1を使ったとすると，十の位には1以外の0, 2, 3の3種類の数を使うことができる．百の位に，2を使ったとしても十の位には2以外の0, 1, 3の3種類の数を使うことができる．
　　百の位の各3通りに対して十の位の数も各3通りあるので，計3×3＝9 (通り) となる．

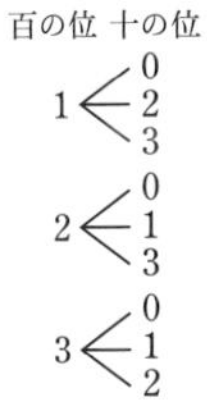

百の位　十の位
1 ＜ 0
　　 2
　　 3
2 ＜ 0
　　 1
　　 3
3 ＜ 0
　　 1
　　 2

☞ 0, 1, 2, 3の4種類の数で
　　(同じ数をくり返し使っても
　　よいという場合)は，
　　3×4×4＝48 (通り)
　　　↑
　　0以外　　　　　となる．

2つの事柄 A, B があり，事柄 A の場合の数が a (通り), 事柄 B の場合の数が b (通り) のとき

┌─────事柄 A の a 通りのそれぞれに事柄 B が b 通り起こるならば─────┐
│　　　　　　　　　　　　　　［どの場合に　　］
│　　　　　　　　　　　　　　　対しても
│　　　　　　　　　　A・Bともに起こる場合の数は … $a \times b$ 通り
└──────────────────────────────────────┘
　　　　　　　　　　　　　　　　　　　　　　　　　　　　　　ということ．

1-2-2 「場合の数」を求める道具③——順列と組合せ

[1] 順列

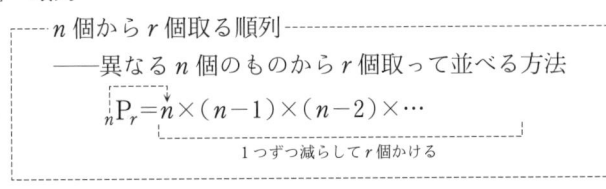

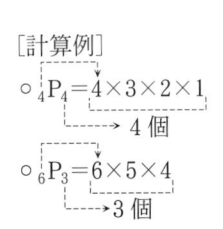

┌─── n 個から r 個取る順列 ─────────────
│　　——異なる n 個のものから r 個取って並べる方法
│　　　　$_nP_r = n \times (n-1) \times (n-2) \times \cdots$
│　　　　　　　　　　　　　1つずつ減らして r 個かける
└───────────────────────

[計算例]
○ $_4P_4 = 4 \times 3 \times 2 \times 1$
　　　　　　　　↳ 4個
○ $_6P_3 = 6 \times 5 \times 4$
　　　　　　　↳ 3個

(例1) $\boxed{A}\boxed{B}\boxed{C}\boxed{D}\boxed{E}$ の5枚のカードから3枚取り出して並べる．
　　　　$_5P_3 = 5 \times 4 \times 3 = 60$ (通り)

(例2) A, B, C, D, E, F の6人の中から委員長，副委員長，書記を選ぶ．
　　　　$_6P_3 = 6 \times 5 \times 4 = 120$ (通り)　　(←3人の序列・役割が問題となる)

(例3) 1, 2, 3, 4 の4個の数字を使って4ケタの整数をつくる．
　　　　$_4P_4 = 4 \times 3 \times 2 \times 1 = 24$ (通り)

　　——このように，異なる n 個から n 個取って並べる方法は…
　　　$_nP_n = n \times (n-1) \times (n-2) \times \cdots \times 3 \times 2 \times 1$　となり
　　　　　　‖
　　　これを「n の階乗」といって $n!$ と表す

　　つまり $\boxed{n! = n \times (n-1) \times (n-2) \times \cdots \times 3 \times 2 \times 1}$

[計算例]
$5! = 5 \times 4 \times 3 \times 2 \times 1 = 120$
$6! = 6 \times 5 \times 4 \times 3 \times 2 \times 1 = 720$

［2］ 組合せ

┌─ n 個から r 個取る組合せ ─────────────────┐
│　── 異なる n 個のものから r 個取る方法 ──│
│　　$_nC_r = \dfrac{_nP_r}{_rP_r} = \dfrac{n\times(n-1)\times(n-2)\times\cdots\times(n-r+1)}{r\times(r-1)\times(r-2)\times\cdots\times 2\times 1}$ │
└─────────────────────────────────────┘

［計算例］　$_5C_2 = \dfrac{\overset{2個}{\overbrace{5\times 4}}}{\underset{1\text{まで}}{2\times 1}}$　　$_6C_3 = \dfrac{\overset{3個}{\overbrace{6\times 5\times 4}}}{\underset{1\text{まで}}{3\times 2\times 1}}$

── $_nP_r$ を $_rP_r$ で割る意味 ─────────────────────────

円周上の 5 点から 3 点を取って三角形をつくると ☐ 個できる．

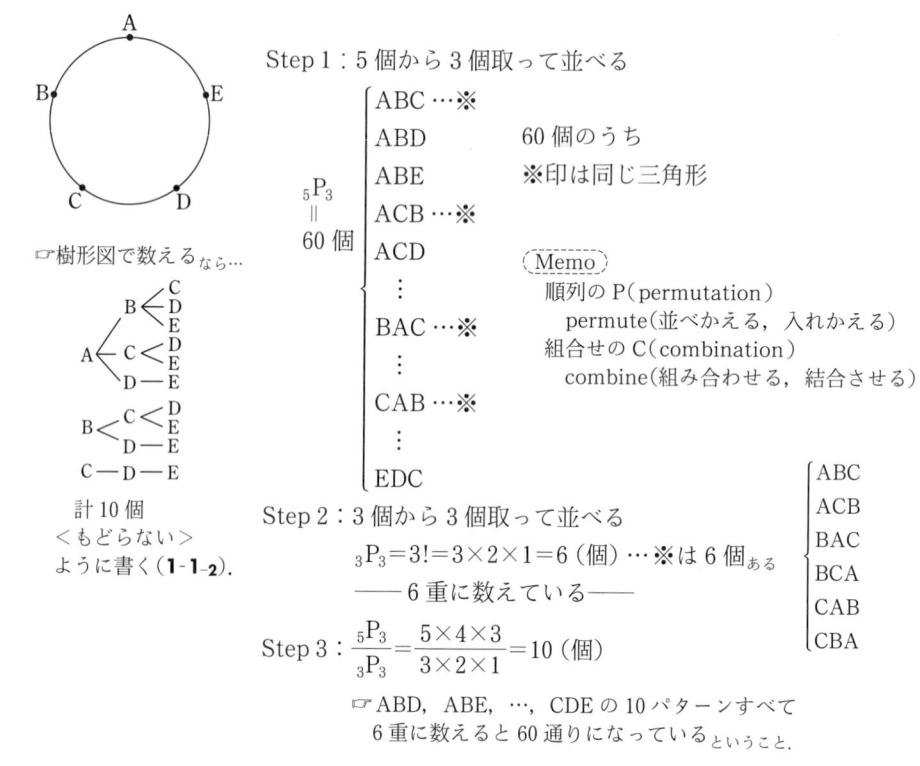

Step 1：5 個から 3 個取って並べる

$_5P_3 = 60$ 個 $\begin{cases} ABC \cdots ※ \\ ABD \\ ABE \\ ACB \cdots ※ \\ ACD \\ \vdots \\ BAC \cdots ※ \\ \vdots \\ CAB \cdots ※ \\ \vdots \\ EDC \end{cases}$

60 個のうち
※印は同じ三角形

(Memo)
順列の P (permutation)
　permute (並べかえる，入れかえる)
組合せの C (combination)
　combine (組み合わせる，結合させる)

☞ 樹形図で数える なら…

計 10 個
＜もどらない＞
ように書く（**1-1-2**）．

Step 2：3 個から 3 個取って並べる
　$_3P_3 = 3! = 3\times 2\times 1 = 6$（個）…※は 6 個ある
　── 6 重に数えている ──

$\begin{cases} ABC \\ ACB \\ BAC \\ BCA \\ CAB \\ CBA \end{cases}$

Step 3：$\dfrac{_5P_3}{_3P_3} = \dfrac{5\times 4\times 3}{3\times 2\times 1} = 10$（個）

☞ ABD，ABE，…，CDE の 10 パターンすべて
　6 重に数えると 60 通りになっている ということ．

（例 1）　A，B，C，D，E の 5 人の中から 3 人の委員を選ぶ
　　　$_5C_3 = \dfrac{5\times 4\times 3}{3\times 2\times 1} = 10$（通り）　← 3 人の序列（役割）は問題とならない から

（例 2）　7 角形の 2 個の頂点を結んでできる線分の数
　　　$_7C_2 = \dfrac{7\times 6}{2\times 1} = 21$（本）

（例 3）　異なる 6 色から 3 色を選ぶ
　　　$_6C_3 = \dfrac{6\times 5\times 4}{3\times 2\times 1} = 20$（通り）

[3] 順列・組合せの応用例

(例1) 3人の男子と2人の女子が1列に並ぶとき，女子2人が必ず隣り合っているような並び方は□通りある．

解 3人の男子をA，B，C，2人の女子をD，Eとすると2人の女子D，Eを，⟨D・E⟩とひとまとめ——1人とみる——として，

A，B，C，⟨2人の女子⟩ の並べ方を考えればよい

→ $_4P_4 × 2 = 4 × 3 × 2 × 1 × 2 = $ **48**（通り）
　　　　　↳ 2人の女子の入れかえ(D・EとE・D)

―隣り合う―
　　　　（2人，3人…を）
ひとくくりに
　　セット　で
まず考える
　　　　　ということ

(例2) A，B，C，Dの4人が丸いテーブルにすわる方法は□通りある．ただし，右の4種類は同じすわり方とする．

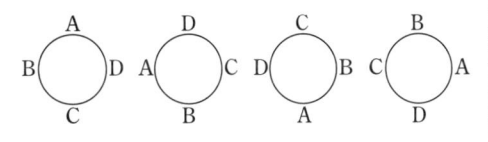

解・1 4人のすわり方は $_4P_4 = 4 × 3 × 2 × 1 = 24$（通り）

これには図の4種類がダブって数えられているから

$24 ÷ 4 = $ **6**（通り）

解・2 1人を固定して考える．4−1＝3 (残り3人)

（例）　固定　　Aの
　　　　　　　右　前　左
　　　　　　　$3 × 2 × 1 = $ **6**（通り）
　　　　　　　（$_3P_3$ ということ）

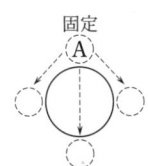

―円順列 という―
n人を円形に等間隔に
配置する方法は…
$_{n-1}P_{n-1} = (n-1)!$

(例3) 右の図(横5本，斜め4本ともにそれぞれ平行)の中に平行四辺形は□個ある．

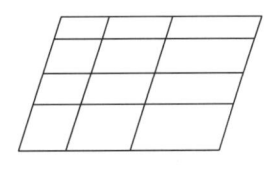

解

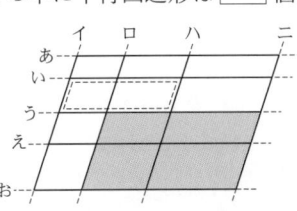

[考え方] ○点線の平行四辺形は… い と う　　イ と ハ からできている
　　　　○網目の平行四辺形は… う と お　　ロ と ニ からできている

ということは　横5本から2本選び，斜め4本から2本選ぶ

$$_5C_2 × _4C_2 = \frac{5×4}{2×1} × \frac{4×3}{2×1} = 60（個）$$
　　↑
同時に起こる
（ともに）

☞ 「横2本かつ斜め2本の選び方」と「平行四辺形」の個数が対応している ということ．

65

▷ 基本性質 ③

1-3-1　数え上げる方法の選択①

(例1)　⓪，②，③，④，⑤の5枚のカードから3枚を取り出して3ケタの3の倍数をつくると □ 個できる．

[方法Ⅰ]　樹形図ですべて書き出す

百 十 一　　百 十 一　　百 十 一

$2\begin{cases}0-4\\3-4\\4<{0\atop 3}\end{cases}$　$3\begin{cases}2-4\\4<{2\atop 5}\\5-4\end{cases}$　$4\begin{cases}0<{2\atop 5}\\2<{0\atop 5}\\3<{2\atop 5}\\5<{0\atop 3}\end{cases}$

百 十 一

$5\begin{cases}0-4\\3-4\\4<{0\atop 3}\end{cases}$

計 **20** 個

[方法Ⅱ]　樹形図＋計算

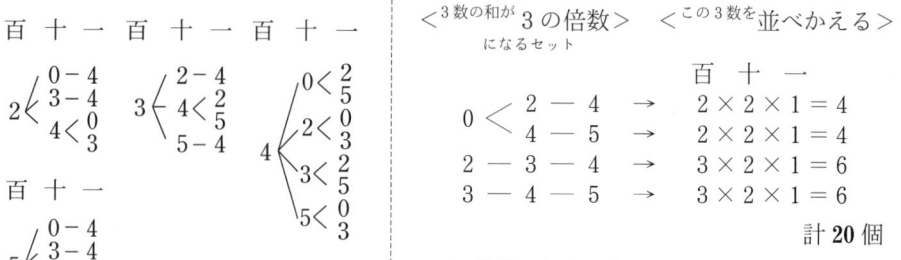

＜3数の和が3の倍数になるセット＞　＜この3数を並べかえる＞

百 十 一

$0<\begin{matrix}2-4\\4-5\end{matrix}$　→　$2\times 2\times 1=4$
　　　　　　　　$2\times 2\times 1=4$

$2-3-4$　→　$3\times 2\times 1=6$

$3-4-5$　→　$3\times 2\times 1=6$

計 **20** 個

☞ 3の倍数になる3数のセットを選び出し次にそのセットを並べかえるという流れで．

┌ 2段階方式 ┐
│ Step 1　選び出し │
│ Step 2　並べかえ │
└──────────┘

(例2)　100円玉，50円玉，10円玉，5円玉，1円玉がそれぞれ1個ずつあるとき，□ 通りの金額ができる．

[方法Ⅰ]　計算その1

$_5C_5+_5C_4+_5C_3+_5C_2+_5C_1$
　　　　同じ
　　　　　同じ

$=1+5\times 2+\dfrac{5\times 4}{2\times 1}\times 2=\mathbf{31}$ (通り)

☞ 同じ金額ができないことを確認して，5個使う，4個使う，…，1個使う場合の数をそれぞれ求めて加える．なお，$_5C_3=_5C_2$，$_5C_4=_5C_1$，$_{100}C_{98}=_{100}C_2$，すなわち，$_nC_{n-r}=_nC_r$．

[方法Ⅱ]　計算その2

──それぞれ取るか否かと考えて──

100円玉　50円玉　10円玉　5円玉　1円玉

$2\times 2\times 2\times 2\times 2=2^5$
通り

$\begin{cases}\text{取るか}\\\text{取らないか}\end{cases}$　∴　$2^5-1=\mathbf{31}$ (通り)

　　　　　　　　　　全部取らない
　　　　　　　　　　　＝
　　　　　　　　　　金額ができない

(例3)　りんご5個を3個の異なる皿に盛るとき，どの皿にも少なくとも1個は盛るとすると，盛り方は全部で □ 通りある．

[方法Ⅰ]

皿A　皿B　皿C

$1<\begin{matrix}1-3\\2-2\\3-1\end{matrix}$

$2<\begin{matrix}1-2\\2-1\end{matrix}$

$3-1-1$　計 **6** 通り

[方法Ⅱ]

皿A　皿B　皿C

○｜○｜○　○　○　ア
○｜○　○｜○　○　イ
　　　　︙

4箇所の∨から2箇所選んで｜を入れる．

$_4C_2=\dfrac{4\times 3}{2\times 1}=\mathbf{6}$ (通り)

　1　2　3　4
　∨　∨　∨　∨
　○　○　○　○　○

｜…仕切り (棒)
｜の左　…A
｜と｜の間…B
｜の右　…C
(とする)

　　A　B　C
☞ アは 1　1　3
　 イは 1　2　2　）
ということ．

1-3-2 数え上げる方法の選択② ——余事象を利用する——

余事象を利用するという方法. 余事象とは… 事象(事柄)Aに対して，Aが起こらないことをAの余事象という.

(例)
- サイコロを1回投げて 偶数の目が出る … の余事象 → 奇数の目が出る
- サイコロを1回投げて 3以上の目が出る … の余事象 → 1・2の目が出る
- 硬貨を4回投げて 少なくとも1回表が出る … の余事象 → すべて裏が出る

☞「4回のうち少なくとも1回が表」を，表…○，裏…×として図示すると…．右のように，イ～オが「少なくとも1回が表」に相当する．すなわち，アを除くすべてがこれにあたる．

したがって，求めるべきイ～オは，全体(全事象)からアを引いた残りということになる．

```
ア 表0回   ××××
 (全て裏)

イ 表1回   ○×××    ウ 表2回   ○○××
          ×○××              ○×○×
          ××○×              ××○○
          ×××○              ○×○×
                             ×○×○
                             ×○○×

エ 表3回   ○○○×    オ 表4回   ○○○○
          ○○×○
          ○×○○
          ×○○○
```

(例1) 大小2個のさいころを投げるとき，目の和が10以下になるものは□通りある．

[方法Ⅰ]

(6×6表，和が10以下に○印が33個) **33**(通り)

[方法Ⅱ] ——余事象の利用

「和が10以下」でない
　　　‖
「和が11以上」

これは3通り

∴ 36－3＝**33**(通り)

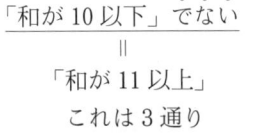

(6×6表，和が11以上に○印)

(例2) 図のような10個の点から3個の点を選んでそれらを頂点とする三角形をつくると，全部で□個できる．

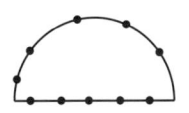

[方法Ⅰ]

ア…円周上の5点
イ…直線上の5点

(i) アから3点取る
(ii) アから2点，イから1点取る
(iii) アから1点，イから2点取る

$$\begin{array}{ccc}(\text{i}) & (\text{ii}) & (\text{iii})\\ {}_5C_3 & + {}_5C_2\times{}_5C_1 & + {}_5C_1\times{}_5C_2\end{array}$$

$$=\frac{5\times4\times3}{3\times2\times1}+\frac{5\times4}{2\times1}\times5\times2=\mathbf{110}\,(\text{個})$$

[方法Ⅱ] ——余事象の利用

$$\begin{bmatrix}\text{全ての点から}\\3\text{点選ぶ}\end{bmatrix}-\begin{bmatrix}\text{直線上の点から}\\3\text{点選ぶ}\end{bmatrix}$$

$$\|$$

$$\begin{pmatrix}\text{三角形ができない}\\\text{点の取り方}\end{pmatrix}$$

$${}_{10}C_3-{}_5C_3$$

$$=\frac{10\times9\times8}{3\times2\times1}-\frac{5\times4\times3}{3\times2\times1}=\mathbf{110}\,(\text{個})$$

▶応用テーマ 1

1-1-1 AAABB の並べかえ

（問い） AAABB を並べかえると，AAABB も含め，全部で □ 通りある．

［解1］ 樹形図で．

$$A\begin{cases}A\begin{cases}A-B-B\\B\begin{cases}A-B\\B-A\end{cases}\end{cases}\\B\begin{cases}A\begin{cases}A-B\\B-A\end{cases}\\B-A-A\end{cases}\end{cases}$$

$$B\begin{cases}A\begin{cases}A\begin{cases}A-B\\B-A\end{cases}\\B-A-A\end{cases}\\B-A-A-A\end{cases}$$

計 **10** 通り

［解2］ 表で．

少ない方のBを先に配置

1	2	3	4	5
B	B			
B		B		
B			B	
B				B
	B	B		
	B		B	
	B			B
		B	B	
		B		B
			B	B

計 **10** 通り

◀［解1］の樹形図で全て書き出すことは誰にでも可能だが，ミスなく作業を進めるのに，かなり神経を使う．AAAABBB などと，ちょっと増えただけでも相当負担が大きくなる．

◀［解2］ Bのかわりに○印で十分．ただし，同じ文字の少ない方が2個なので簡単だが，少ない方の文字が3個，4個となると，お手上げ．

［解3］ 計算で．

［解2］の表は，1～5の座席から2つの座席を順番を考えずに選んでいるもの．これは1～5の数の中から2つの数を取る組合せと同じ．よって，

$$_5C_2 = \frac{5\times 4}{2\times 1} = 10 \text{（通り）}$$

☞ Bの配置が決まると，残り3個の座席にA3個を配置するのだから，$_3C_3=1$ となり，Aの配置は1通りしかなく，$_5C_2$ としても，$_5C_2\times{}_3C_3$ としてもよい．Aを先に配置するなら，$_5C_3$ または $_5C_3\times{}_2C_2$．

◀ 1 1 1 2 2 の並べかえもこれと同様で，$_5C_2=10$（通り）．
AAABBC の並べかえは…，

○ $\underbrace{_6C_3}_{Aの配置} \times \underbrace{_3C_2}_{Bの配置}$

○ $\underbrace{_6C_2}_{Bの配置} \times \underbrace{_4C_1}_{Cの配置}$

○ $\underbrace{_6C_1}_{Cの配置} \times \underbrace{_5C_3}_{Aの配置}$

となる．

1-1-2 AAABB の並べかえの応用①

（問い） 右の図で，AからBまで遠まわりしないで行く方法は □ 通りある．

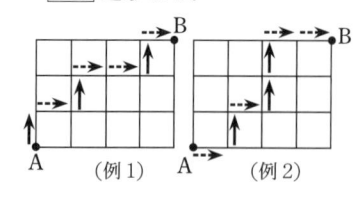

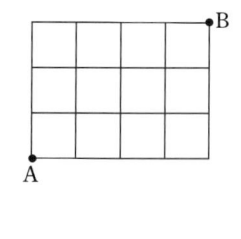

↑3個と→4個の並べかえと同じなので

$$_7C_3 = \frac{7\times 6\times 5}{3\times 2\times 1} = 35 \text{（通り）}$$

◀（例1）は↑→↑→→↑→
　（例2）は→↑→↑↑→→
　　　　　⋮
　全部で何通り？
　　（ということ）

1-1-3 AAABBの並べかえの応用②

（問い） りんご5個を3個の異なる皿に盛るとき，1個も盛っていない皿があってもよいとすると，盛り方は全部で□通りある．

[解]

皿A	皿B	皿C		A	B	C
○｜○｜○	○	○	→	1	1	3
○｜○ ○｜○	○		→	1	2	2
｜○ ○｜○	○	○	→	0	2	3
○ ○ ○｜｜○	○		→	3	0	2

⋮ （ということ）

仕切り(棒)2本と○5個の並べかえと同じ．

$$_7C_2 = \frac{7 \times 6}{2 \times 1} = 21 \text{ (通り)}$$

☞ 類題．
（問い） りんご17個を3つの異なる皿に盛り分ける方法は□通りある．ただし，どの皿にも少なくとも4個は盛るものとする．

🅢 4個ずつ各皿に盛っておき，残りを上の問いと同じように盛る．
$17 - 4 \times 3 = 5 \cdots$ 残り
$5 + 2 = 7$ ……仕切り(棒)2本を加える
$_7C_2 = 21$ (通り)

1-1-4 整数解の場合の数

次の(ⅰ)，(ⅱ)の場合，$x+y+z=6$ を満たす解の組は□組ある．
(ⅰ) x, y, z が自然数のとき．
(ⅱ) x, y, z が負でない整数のとき．

🅢
(ⅰ) x y z ——1-3-1(例3)と同じ
○｜○｜○ ○ ○ ○ $6-1=5$ …間の数
○｜○ ○｜○ ○ ○
⋮
$$_5C_2 = \frac{5 \times 4}{2 \times 1} = 10 \text{ (組)}$$

(ⅱ) x y z ——1-1-3(問い)と同じ
○｜○｜○ ○ ○ ○ $6+2=8$
○｜○ ○｜○ ○ ○
｜○ ○｜○ ○ ○ ○
⋮
$$_8C_2 = \frac{8 \times 7}{2 \times 1} = 28 \text{ (組)}$$

◀ 樹形図では….
```
A B C    A B C
  0-5      0-3
  1-4      1-2
0 2-3    2 2-1
  3-2      3-0
  4-1
  5-0      0-2
           3 1-1
  0-4      2-0
  1-3
1 2-2      0-1
  3-1    4 1-0
  4-0
           5-0-0
```
計 **21** 通り

樹形図+計算では….
Step 1 3つに分ける
```
   0-5   ア
0  1-4   イ
   2-3   ウ
1  1-3   エ
   2-2   オ
```
Step 2 A・B・Cに配置（並べかえ）
ア，エ，オ …各3通り
イ，ウ …各6通り
∴ $3 \times 3 + 6 \times 2 = 21$ (通り)

◀ (ⅰ)は…
```
x y z
1 1 1   残り3を
        x, y, zに
        (ⅱ)の方式
        で配置
```
$6 - 1 \times 3 = 3$
$3 + 2 = 5$ …仕切り(棒)を加えて
$_5C_2 = 10$ (通り)
とすることもできる．

◀ 仕切り(棒)の左の○の個数…x，
2つの仕切り(棒)の間の○の個数…y，
仕切り(棒)の右の○の個数…z
とすると，○6個と仕切り(棒)2本の並べ方が求める解となる．

▶応用テーマ **2**

2-1-1　三角形をつくる場合の数

〔例〕　円周上を12等分する点がある．この12個の点から3個の点を選んで三角形をつくるとき，次の問いに答えよ． 
（1）　形のちがう三角形は □ 種類できる．
（2）　直角三角形は □ 個できる．
（3）　鋭角三角形は □ 個できる．

図1

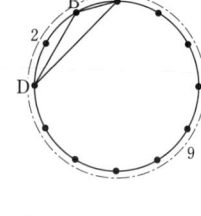

図2

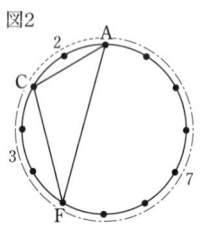

〔解説〕（1）　三角形の形は3辺の長さまたは3つの角度によって決まる．

　右の図1の△ABDと図2の△ACFの形は，それぞれ3つの角の大きさによって決まり，それらは対応する弧の長さによって決まる．したがって，△ABDを1-2-9，△ACFを2-3-7と表して形を区別することができる．

　このように，弧の長さの組によって，三角形の形が決まるので，12等分された弧を3つに分ける組（順番は考えない）を樹形図を使って書き出すと，

$$1\begin{cases}1-10\\2-9\\3-8\\4-7\\5-6\end{cases} \quad 2\begin{cases}2-8\\3-7\\4-6\\5-5\end{cases}$$

$$3\begin{cases}3-6\\4-5\end{cases} \quad 4-4-4$$

計12通りある．よって，**12**（種類）

◀三角形の場合は，右のように数値を入れかえても形は変わらないが，四角形の場合は数値を入れかえることによって形のちがう図形ができる．

▷三角形
2-3-7
2-7-3
3-2-7
⋮

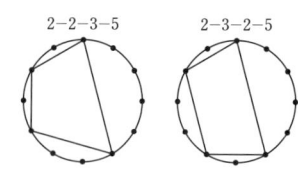

2-2-3-5　　2-3-2-5

（2）　右の図のように，直径AGを斜辺とする直角三角形の頂点は，図の左側に5個，右側にも同じく5個で，計10個．
　直径は全部で6本．
　これより，
　　$10×6=$**60**（個）

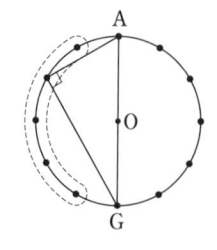

70

（3）［解1］（1）と同様に，鋭角三角形になる場合を，弧の長さを使って表すと，下の図のように，

$$2\text{-}5\text{-}5 \cdots \text{イ} \qquad 3\text{-}4\text{-}5 \cdots \text{ロ} \qquad 4\text{-}4\text{-}4 \cdots \text{ハ}$$

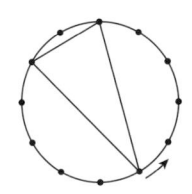

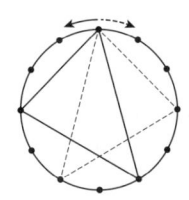

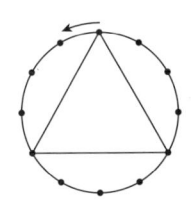

◀鋭角三角形なので，6以上の辺はない．

イ…頂点を反時計まわりにずらすことによって12個，
ロ…同様に実線の三角形を反時計まわりに，点線の三角形を時計まわりにずらすことによって，$12 \times 2 = 24$（個）
ハ…時計まわりにずらすことによって4個，それぞれ合同な三角形ができる．
　よって，合計，$12 + 24 + 4 = $ **40**（個）

▫ちなみに，12等分点によって三角形は $_{12}C_3 = 220$（個），直角三角形が60個，鋭角三角形が40個なので，鈍角三角形は，$220 - (60 + 40) = 120$（個）と計算で求めることができる．

◀三角形の次の分類
　・直角三角形（right triangle）
　・鋭角三角形（acute triangle）
　・鈍角三角形
　　　　（obtuse triangle）
には重複がないので，
　三角形の総数$= T$
　直角三角形の個数$= R$
　鋭角三角形の個数$= A$
　鈍角三角形の個数$= O$
とすると，
　$A = T - (R + O)$　………ア
　$O = T - (R + A)$　………イ
となる．したがって，鋭角三角形の個数または鈍角三角形の個数を求める場合，直接求めるか，ア，イのように余事象を使って求めるかは，それぞれの三角形の数え方によって（どちらの方がかぞえやすいかという判断によって）選択することになる．

［解2］右の図のように，12個の頂点の左半分に，1～7の番号をつけ，三角形の頂点の一つに番号1の頂点をかならず入れるものとする（1番を固定して考える）と，残り2頂点を番号2～7から2個の番号を選ぶと，$_6C_2 = 15$（個）の鈍角三角形または直角三角形ができる．

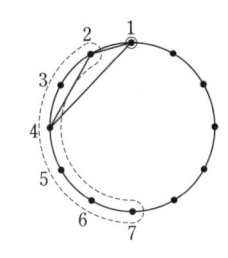

　固定した頂点1と同様に番号2以降の11頂点にも同じ数だけ，鈍角三角形または直角三角形ができるので，計 $15 \times 12 = 180$（個）できる．

　12等分点によって三角形は $_{12}C_3 = \dfrac{12 \times 11 \times 10}{3 \times 2 \times 1} = 220$（個）
できる．これより，鋭角三角形は $220 - 180 = $ **40**（個）

▫同様にして，円周をn等分してできる鋭角三角形の個数は，$_nC_3 - {_mC_2} \times n$ と公式風に表すことができる．
　ただし，nが偶数のとき $m = \dfrac{n}{2}$，奇数のとき $m = \dfrac{n-1}{2}$ とする．

▶応用テーマ 3

3-1-1 3方向に進む道順 平面タイプ

〔例〕 図のような道を点Aから点Bまで，右，上，右上の3方向に進んで点Bに至る進み方は□通りある．

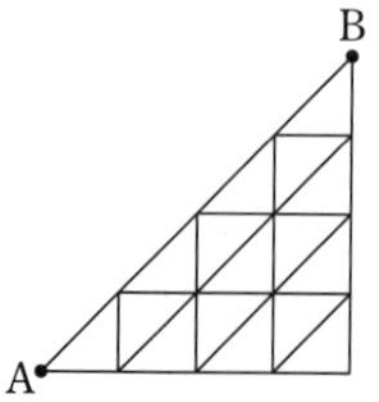

〔解説〕 各頂点に数値を書き込んでいく．
右図より，**90（通り）**

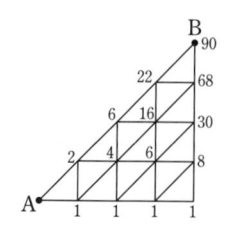

◀ある頂点に3本の道が集まっている場合，
ア…左から
イ…下から
ウ…左下から
の3方向からの場合の数の合計となる．

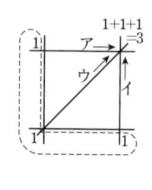

◀AからPへ進む道順の数とPからBへ（すなわちBからPへ）進む道順の数は同じであり，
A～Qと Q～B，
A～Rと R～B，
A～Tと T～B，
A～Uと U～Bも
同様であるから，
$6^2+4^2+6^2+1^2+1^2$
=**90（通り）**
とすることもできる．

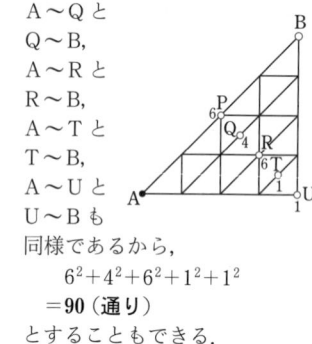

3-1-2 曲がる回数が決まっている道順

〔例2〕 右の図のような道路があり，AからBに最短の道のりで進むとき，途中4回曲がって行く方法は□通りある．

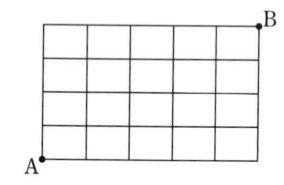

〔解説〕 2つのちがったタイプの進み方がある．

図①　　　　　図②

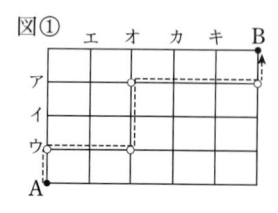

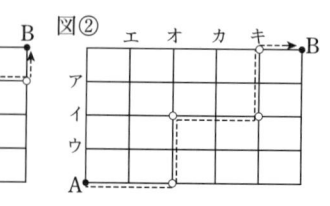

・図①では，3本の横の道（ア～ウ）のうちの2本（ア・ウ）を進み，4本のたての道（エ～キ）のうちの1本（オ）を進む．

・図②では，3本の横の道（ア～ウ）のうちの1本（イ）を進み，4本のたての道（エ～キ）のうちの2本（オ・キ）を進む．

図①の進み方は，ア～ウの3本から2本を選び，エ～キの4本から1本を選ぶ；図②の進み方は，ア～ウの3本から1本選び，エ～キの4本から2本選ぶということなので，求める道順の数は，

$_3C_2\times{_4C_1}+{_3C_1}\times{_4C_2}=3\times4+3\times6=$**30（通り）**

3-2-1 立方体の道順

〔例〕 同じ大きさの立方体を7個でできた形のパイプ状の枠組みがある．パイプの太さは考えないものとして，点Aから点Bへパイプにそって進むときの最短経路は □ 通りある．

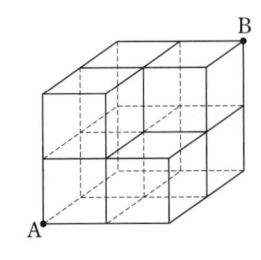

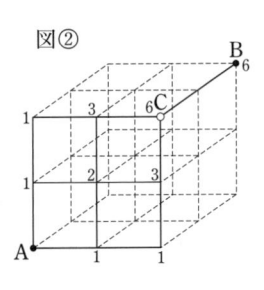

◀ 正方形の頂点に数字を書き込んでいく手順と同じ手順で，立方体の頂点に数字を書き込んでいく．

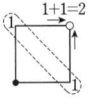

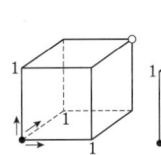

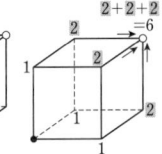

立方体が1個の場合，対角線状にある左下の頂点から右上の頂点まで進むとき，スタート地点からは3方向に進む場合があり，ゴール地点では，3方向から来る場合がある．

〔解説〕
〔解1〕 右の図の各頂点に道順の場合の数を書き込んでいく．これより，
84（通り）

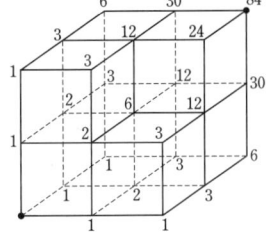

〔解2〕 図①のように，頂点Cを加えて，2×2×2の立方体とすると，A〜Bの道順は90通り，Cを通るA〜Bの道順は図②より，6通り，
よって，90－6＝**84（通り）**

図①　図②

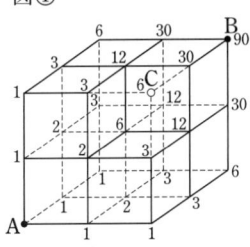

3-2-2 角すいの道順

〔例1〕 図のような，六角すいO-ABCDEFの頂点Oを出発し，いくつかの辺を通り頂点Oにもどる道順は全部で □ 通りある．ただし，同じ辺を2度通ることはできず，一度Oにもどったらそこで止まるものとする．

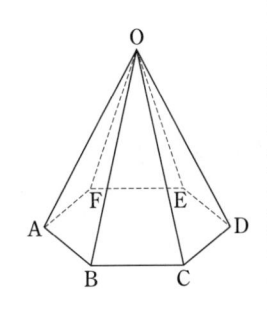

73

[解説]

底面の六角形の 6 頂点のうちの 2 点，たとえば，点 A，点 C を選び，点 O から点 A に降り，点 C から点 O に昇る場合は 2 通り，逆コースも 2 通り．6 点から 2 点の選び方は，$_6C_2=15$，よって，求める道順は，

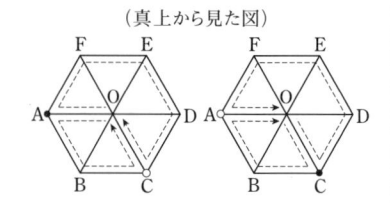

$15 \times 2 \times 2 = \mathbf{60}$（**通り**）

3-2-3 正多面体の道順

〔例 2〕 図のような一辺の長さが 1 の正八面体がある．同じ辺を往復してもよいが，辺の途中ではもどることができないという条件で点 A から点 B まで辺上を進むとき，移動距離が 4 となる進み方は □ 通りある．

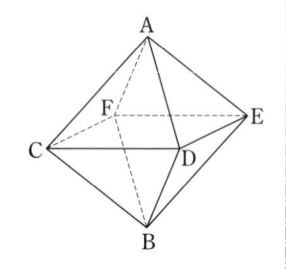

[解説] 各頂点に，

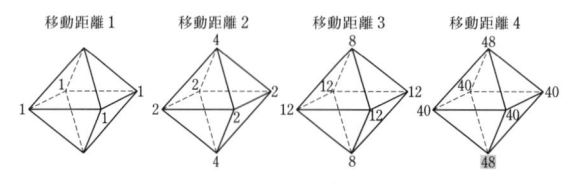

これより，求める進み方は，**48（通り）**

▷移動距離と到達した頂点の関係を表にすると….

到達した頂点＼移動距離	1	2	3	4
A	0	4	8	48
B	0	4	8	48
C	1	2	12	40
D	1	2	12	40
E	1	2	12	40
F	1	2	12	40

▶一つ前の C〜F の和が A，B の移動距離に対応している．
- $1+1+1+1=4$
- $2+2+2+2=8$
- $12+12+12+12=48$
  ⋮

また，一つ前の A，B，D，F の和が，C の移動距離に対応している．
- $0+0+1+1=2$
- $4+4+2+2=12$
- $8+8+12+12=40$

D，E，F についても同様（となりあう頂点の一つ前の和）．この内容は，高校数学で「漸化式」という名称で数列の重要テーマとして学ぶことになる．

コラム①
困難は分割せよ
：デカルト

　高校受験数学のいろいろな分野の中で，多くの受験生が苦手とする分野の一つに，場合の数・確率がある．

　場合の数・確率には，他の分野とはちがった独特な難しさがある．それは，最後まで確信がもてない，ということだ．

　他の多くの分野では，自分が出した答え，例えば，直線の傾き，円の半径などに，「よし，出た」と正解にたどり着いた感触をもつことができる．または，今出したばかりの3桁の分母からなる傾き，長すぎる半径などから，解法・式・計算のいずれかのエラーを感じ取ることができる．時間がありさえすれば，式や計算を見直すことができる．

　これに対し，場合の数・確率の場合は，何度も経験し分かりきった内容の問題は別にして，手探り状態で調べ計算した結果に関しては，正しいか否か自信がもてない．

　☞ この点は，受験生諸君だけでなく，受験生を指導する私達にとっても同様なのである．えっ，先生たちが？と思うかもしれないが，自分が出した答えに漏れがないか，ダブりがないか…，という心配は私達にも常に残る．そんな分野は他にない．

　では，その不安からどのように抜け出すのか．または，まちがっているという警告音が鳴らないこの分野で，何を大事にし，何に注意を向けて問題を解き進めていくのか，もしくはどこに力点を置いて見直しをするのか．

　数学，哲学，物理，化学などの多方面で業績を残したフランスのデカルト（1596～1650）は，＜難題（解決が困難な問題）は，分割して攻略せよ＞と言う意味で，「困難（難問）は分割せよ」と説いている．

　彼は，「かつてはおそろしく難解なものときめつけていた多くの問題をぞんぶんに解き去ることができた」という高みへと自らを導くための，守るべき4つの原則を挙げている．その2番目の原則．

私が解決しようとする難問の一つ一つを，できるだけ多くの，そして，それらの難問をよりよく解決するために求められるかぎりの細かな，小部分に分割すること．

（『方法序説』）

　場合の数の難題を正しく解決するために不可欠なこと，それは，＜最初の場合分け＞である．

　難題（＝大設問）を解き始める最初の段階で，調べ上げ可能・計算可能な小部分（＝小設問）に分割すること．そうすることによって，進むべき道筋が明らかとなる．そして，分割された小設問の解決は，目の前にある大設問の解決に比べるとはるかに簡単である．

　　最初の場合分けで勝負が決まる．
　第一に，正しく進むことができるから．
　第二に，より簡単になるから．
　自分が導き出した解答の点検も，一番大事なのは，式や計算ではなく，最初の場合分けである．

　高難度の課題を，その課題を成り立たせている各要素に分割すれば，各要素の大部分は――一部は中難度かもしれないが――低難度の小課題に分断される．そして，分断された小課題は解決可能である．

　整数問題や論理に関する問題についても同様だが，複雑な内容の問題で解決の糸口を見出すことができないときの発想の大原則は，＜簡単な例で考える＞ということである．

　場合の数では，数え始める前の「場合分け」によって，複雑な問題が簡単な問題群に分割されて数え上げの基本問題の集合体になる．

　名言「困難は分割せよ」は，場合の数・確率攻略の指針，高校受験数学，大学受験数学の指針であるだけではない．目の前に立ちふさがる難題に立ち向かうための，研究者の，開発者の，企業人の，つまり人生の指針でもある．

▶確率

［2］確率

個別に
攻略する
意識が
大事…

確率計算の基本となる「場合の数」の正答率が上がっていくにつれて，確率の正答率も上がっていきます．＜同様に確からしい＞か否かに注意して，「場合の数」同様，一つ一つのテーマを順にマスターするゾという意識で取り組んでください．自分の計算の誤答の理由を，時間をかけてでも検証すべきです．

▷基本性質 ①

2-1-1 「確率」とは──

　確率 probability とは，ある事柄が起こる程度を数値で表したもので，

　　ある事柄について
　　起こりうる場合が全部で n 通りあり
　　──そのどれもが起こることが〈同様に確からしい〉とき──

　　ある事柄の中の特別な
　　事柄 A の起こる場合が a 通りであるとすると，

　　　事柄A の起こる確率 $= \dfrac{a}{n}$

2-1-2 〈同様に確からしい〉とは──

　ある事柄について，起こりうる場合の数が n 通りというとき，その n 通りのどれもが同じ程度に起こるとみなすことができる場合でないと，意味をもたない．

　この，「同じ程度に起こるとみなすことができる（＝同じ程度起こると期待される）」というのを，数学用語で

　　〈同様に確からしい〉

という．

◻たとえば，同様に確からしい＝○　そうでない＝×とすると，次の-----部分は，○ or ×？

① 普通のサイコロの目の出方は 6 通りだから，サイコロを 1 回投げて…

　1 の目が出る確率 $= \dfrac{1}{6}$

② 人間は生きているか死んでいるかの 2 通りだから，明日自分が…

　生きている確率 $= \dfrac{1}{2}$

　①→○，②→×
　　ということ．

2-1-3 「確率」の性質

　事柄 A の起こる確率を $p\left(=\dfrac{a}{n}\right)$ とすると，

　その 1）　　　$0 \leqq p \leqq 1$
　（同じことだが）
　その 2）　　事柄 A が決して起こらない　→　$p=0$
　その 3）　　事柄 A が必ず起こる　　　　　→　$p=1$

◻つまり，
　確率がマイナス
　確率が 1 より大
　は，ありえない
　　　ということ．

2-2-1 「少なくとも〜である確率」

「少なくとも〜である確率」を求める場合

「少なくとも〜である確率」
 ＝1 −「-----------でない確率」
          ‖
      （余事象の確率）

とする．

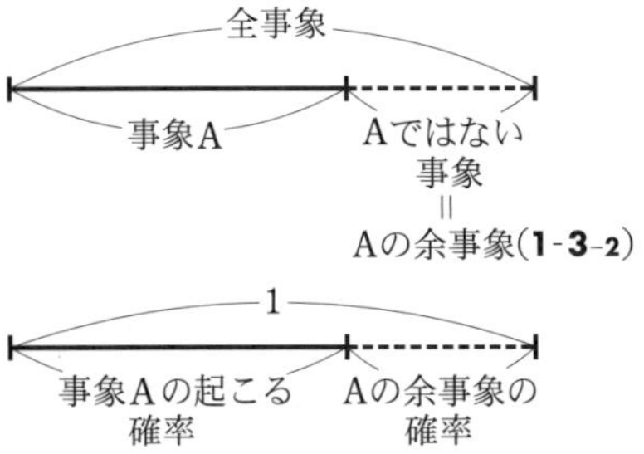

2-2-2 計算例

（例1） 2個のサイコロを同時に投げるとき，少なくとも1個は偶数の目が出る確率 p

解 サイコロを2個投げたときの，すべての場合の数は，$6 \times 6 = 36$（通り）※

2個のサイコロをA，Bとすると，

	ア	イ	ウ	エ
サイコロA	偶	偶	奇	奇
サイコロB	偶	奇	偶	奇

の4つのケースがある．

[方法1：普通に計算すると]

少なくとも1個は偶数というのは，上のア〜ウの
$3 \times 3 + 3 \times 3 + 3 \times 3 = 27$（通り）

$$\therefore p = \frac{27}{6^2} = \frac{3}{4}$$

[方法2：余事象の確率を使うと]

「少なくとも1個は偶数」の余事象は「2個とも奇数」（上のエ）だから，$3 \times 3 = 9$（通り）

$$\therefore p = 1 - \frac{9}{6^2} = \frac{3}{4}$$

（例2） 当たりくじ2本はずれくじ4本のくじから同時に2本引くとき，少なくとも1本が当たりくじである確率 p

解 6本から2本を引く方法は $_6C_2 = \frac{6 \times 5}{2 \times 1} = 15$（通り）

「少なくとも1本が当たり」の余事象は「2本ともはずれ」であり，4本のはずれくじから2本のはずれくじを引く場合の数は $_4C_2 = \frac{4 \times 3}{2 \times 1} = 6$（通り）

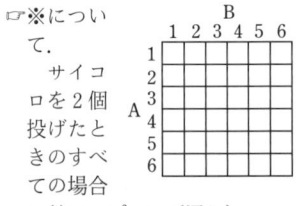

$$\therefore p = 1 - \frac{6}{15} = \frac{3}{5}$$

- 2本とも当たり
- 1本当たり1本はずれ ← 少なくとも1本当たり … p
- 2本ともはずれ … q

$\therefore p = 1 - q$ ということ．（余事象の確率）

※について．

サイコロを2個投げたときのすべての場合の数は，$6^2 = 36$（通り）．

サイコロAの目が1／サイコロBの目が2 と
サイコロAの目が2／サイコロBの目が1 とは異なる事象．

「大小2個のサイコロ…」と「2個のサイコロ…」は同じ内容．つまり，「大小」とか「A，B」がなくても2個の場合は 6^2 通りということ．3個の場合は，$6^3 = 216$（通り）．

▷**基本性質** 2

2-3-1　確率のテーマいろいろ

[1] サイコロ

（例1）　2つのサイコロを同時に投げるとき，
① 出た目の差が3以上になる確率
② 出た目の和が3の倍数になる確率
③ 出た目の積が4の倍数になる確率

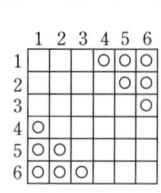

解　①

	1	2	3	4	5	6
1				○	○	○
2					○	○
3						○
4	○					
5	○	○				
6	○	○	○			

計 12 通り

∴ $\dfrac{12}{6^2}=\dfrac{1}{3}$

②

	1	2	3	4	5	6
1	○			●		
2	○			●		
3			●			
4	●				△	
5	●		△			
6				△		□

和
3 … ○
6 … ●
9 … △
12 … □

計 12 通り

∴ $\dfrac{12}{6^2}=\dfrac{1}{3}$

③

	1	2	3	4	5	6
1				○		
2				○		○
3				○		
4	○	○	○	○	○	○
5				○		
6		○		○		○

計 15 通り

∴ $\dfrac{15}{6^2}=\dfrac{5}{12}$

（例2）　3つのサイコロを同時に投げるとき，
① 出た目がすべて異なる確率
② 出た目の積が奇数となる確率
③ 出た目の和が偶数となる確率

解　3個のサイコロを投げて出た目の数を a, b, c とする．

① a, b, c がすべて異なる場合は
　$6×5×4$（通り）※

∴ $\dfrac{6×5×4}{6^3}=\dfrac{5}{9}$

$\begin{array}{ccc} a & b & c \\ \uparrow & \uparrow & \uparrow \\ 6 & a以外 & a, b以外 \\ 通 & の & の \\ り & 5通り & 4通り \end{array}$

② abc（積）が奇数となるのは，a, b, c がすべて奇数のときで，
　$3×3×3=3^3$（通り）

∴ $\dfrac{3^3}{6^3}=\dfrac{1}{8}$

③ $a+b+c$（和）が偶数となるのは，
　イ）a, b, c のすべてが偶数のとき
　ロ）a, b, c のうち，1つが偶数で残り2つが奇数のとき
　イ）の場合，$3×3×3$（通り）
　ロ）の場合

$\begin{array}{ccc} a & b & c \\ 偶 & 奇 & 奇 & → & 3×3×3（通り） \\ 奇 & 偶 & 奇 & → & 3×3×3（通り） \\ 奇 & 奇 & 偶 & → & 3×3×3（通り） \end{array}\Bigg\} 3^3×3$

∴ $\dfrac{3^3+3^3×3}{6^3}=\dfrac{1}{2}$

▫※これを計算して120（分母も計算して216）として
$\dfrac{120}{216}=\cdots$
としないで，
$\dfrac{6×5×4}{6^3}=\cdots$
として約分する方が省エネ
である．

▫サイコロは偶数と奇数が同数あるから，「和も偶数・奇数が半々か？」という直観どおりの計算結果となる．

[2] 硬貨
(例1) 3枚の硬貨を同時に投げるとき，
① 1枚だけが表が出る確率
② 少なくとも1枚は表が出る確率

解 ① 3枚の硬貨の表・裏の出方は，それぞれ2通り(表と裏)あるから，表・裏の出方の総数は2^3(通り)，3枚のうち1枚だけ表というのは3通り．

$$\therefore \frac{3}{2^3}=\frac{3}{8}$$

3枚の硬貨をA・B・Cとすると，
A	B	C	
表	裏	裏	
裏	表	裏	3通り
裏	裏	表	

② 「少なくとも1枚は表」の余事象は「3枚とも裏」で，1通り．

$$\therefore 1-\frac{1}{2^3}=\frac{7}{8}$$

(例2) 5枚の硬貨を同時に投げるとき，少なくとも2枚が表になる確率．

解 表・裏の出方の総数は2^5(通り)，5枚のうち「少なくとも2枚が表」の余事象は，「全部裏か1枚裏」で，

イ) 全部裏 … 1通り
ロ) 1枚裏 … 5通り 計6通り

$$\therefore 1-\frac{6}{2^5}=\frac{13}{16}$$

☞全事象は…
5枚表0枚裏 … $_5C_5 = {_5C_0} = 1$
4枚表1枚裏 … $_5C_4 = {_5C_1} = 5$
3枚表2枚裏 … $_5C_3 = {_5C_2} = 10$ ※
2枚表3枚裏 … $_5C_2 = {_5C_3} = 10$
1枚表4枚裏 … $_5C_1 = {_5C_4} = 5$
0枚表5枚裏 … $_5C_0 = {_5C_5} = 1$
　　　　　　　　計32通り

※こうなる確率は？という問題．
余事象を使用しないとすれば…
$$\frac{1+5+10+10}{32}=\frac{13}{16}$$ となる．

[3] くじ
(例1) 5本のうち3本のくじが当たりであるくじがある
① このくじを1本ずつ続けて2本引くとき，2本とも当たる確率．
② このくじを一度に2本引くとき，2本とも当たりくじである確率．

解 ① 5本のくじから1本ずつ続けて2本引く引き方は，5×4通り．
3本の当たりくじから1本ずつ続けて2本引く引き方は，3×2通り．

$$\therefore \frac{3\times 2}{5\times 4}=\frac{3}{10}$$

② 5本のくじから2本のくじを同時に引く引き方は，$_5C_2=\frac{5\times 4}{2\times 1}=10$(通り)

3本のくじから2本のくじを同時に引く引き方は，$_3C_2=\frac{3\times 2}{2\times 1}=3$(通り)

$$\therefore \frac{3}{10}$$

☞1本ずつ慎重に or 恐る恐る引いても，エエイッと大胆に2本一度に引いても，結果は同じということ．

(例2) 8本のうち2本が当たりのくじを，引いたくじをもどさずに続けて2本引くとき，1本目が当たり2本目がはずれである確率．

解 ［方法1］
当たりはずれに関係のない，すべてのくじの引き方は，$\overset{1本目}{8} \times 7$（通り）
1本目当たりくじ，2本目はずれくじ，の引き方は，2×6（通り）

$$\therefore \frac{2 \times 6}{8 \times 7} = \frac{3}{14}$$

解 ［方法2］

（1本目）（2本目）
　当たり　　はずれ
$$\frac{2}{8} \times \frac{6}{7} = \frac{3}{14}$$

☞ Step 1 「1本目が当たり」の確率 p を計算
　Step 2 「2本目がはずれ」の確率 q を計算
　Step 3 $p \times q$ を計算　という流れ

---確率の計算　和の法則・積の法則---

事柄 P が起こる確率 p，事柄 Q が起こる確率 q (として)

［タイプ①］　P かつ Q が起こる確率　── P・Q が同時に起こる場合 ──
(ともに)

$$\boxed{p \times q} \quad \overset{かける}{積}$$

［タイプ②］　P または Q が起こる確率　── P・Q が同時には起こらない場合 ──
(ともには)

$$\boxed{p + q} \quad \overset{たす}{和}$$

☞（例2）の［方法2］では
「1本目当たり」と「2本目はずれ」は同時に(ともに)起こる事柄なので
$\underset{\underset{和}{たす}}{\frac{2}{8} + \frac{6}{7}}$ でなく，$\underset{\underset{積}{かける}}{\frac{2}{8} \times \frac{6}{7}}$ になる．

(例3) 6本のうち2本が当たりのくじを，引いたくじをもどさずに続けて4本引くとき，2本が当たりである確率．

解 当たりを〇，はずれを×とすると，
〇〇××, 〇×〇×, 〇××〇, … となる場合の確率は，それぞれ

$$\frac{2}{6} \times \frac{1}{5} \times \frac{4}{4} \times \frac{3}{3} = \frac{1}{15}, \ \frac{2}{6} \times \frac{4}{5} \times \frac{1}{4} \times \frac{3}{3} = \frac{1}{15}, \ \frac{2}{6} \times \frac{4}{5} \times \frac{3}{4} \times \frac{1}{3} = \frac{1}{15}, \ \cdots$$

と等しく，〇2個，×2個の並べ替えは，${}_4C_2$ 通りあるので，求める確率は，

$$\frac{1}{15} \times {}_4C_2 = \frac{1}{15} \times \frac{4 \times 3}{2 \times 1} = \frac{2}{5}$$

（例4）9本のうち2本が当たりのくじを，A，B 2人がAから先に引き，引いたくじはもとにもどさないとするとき，

① Aが当たる確率
② Bが当たる確率

解 ① Aが当たる確率は，$\dfrac{2}{9}$

② ［方法1］ 2人のくじの引き方は ──○＝当たり，×＝はずれ
　　　　　　　　　　　　　　　　　　　（2本）　　（7本）

```
A  B
○  ○    2×1  ← 当たり2本のうち1本・当たり1本(のうち1本)
○  ×    2×7  ← 当たり2本のうち1本・はずれ7本のうち1本
×  ○    7×2  ← はずれ7本のうち1本・当たり2本のうち1本
×  ×    7×6  ← はずれ7本のうち1本・はずれ6本のうち1本
```

となっていて，くじの引き方は9×8通り．

　　Aが当たる確率は　$\dfrac{2\times1+2\times7}{9\times8}=\dfrac{2\times(1+7)}{9\times8}=\dfrac{2}{9}$ …①の結果と同じ

　　Bが当たる確率は　$\dfrac{2\times1+7\times2}{9\times8}=\dfrac{2\times(1+7)}{9\times8}=\dfrac{2}{9}$

☞ Bが当たる確率を計算するためには
　　Aが当たりくじを引く ⎫
　　Aがはずれくじを引く ⎭ 2つの場合を分ける
　必要がある．

☞「くじを引く順番は当たる確率を左右するか」というテーマ．
　　○引いたくじをもどす場合　　　→ 公平？
　　○引いたくじをもどさない場合　→ 後から引く方は不利or不利ではない？
　実は…，くじを引く順番は当たる確率を左右しない
　　　　　　　　　　　⇩
　　　　くじを…先に引いても後から引いても同じこと！

［方法2］
　Aがくじを引いた後にBがくじを引き，Bが当たるケースは2つ．
　　ケース①　Aが当たり → Bも当たり
　　ケース②　Aがはずれ → Bが当たり

　　　　　ケース①　　　ケース②
　　　　$\underbrace{\dfrac{2}{9}\times\dfrac{1}{8}}_{積}+\underbrace{\dfrac{7}{9}\times\dfrac{2}{8}}_{積}=\dfrac{2}{9}$
　　　　　かける　たす　かける
　　　　　　　和

　　　　　↑ケース①とケース②は「PまたはQが起こる確率」ということ
　　　　　　　　　　　　　　　　　　［P・Qは同時には起こらない］
　　　　　　　　　　　　　　　　　　　　（ともには）

☞ 2本ある当たりくじの…，
　　1本目を引かれてしまったら，残りの1本を引くのは相当大変 …⎫
　　1本目をはずしてくれたら，2本残っているので結構余裕 ………⎭ ※
　※両方の可能性があり，その両方の可能性を加えたのが求める確率ということ．

［4］ 色のついた球

（例1） 箱の中に赤球5個，白球4個が入っている．この箱から同時に2個の球を取り出すとき，2個とも同じ色である確率．

解 色に関係なく9個から2個取り出す方法は，$_9C_2 = \dfrac{9 \times 8}{2 \times 1} = 36$（通り）

2個同じ色である取り出し方は，$\underset{\text{2個赤}}{_5C_2} + \underset{\text{2個白}}{_4C_2} = \dfrac{5 \times 4}{2 \times 1} + \dfrac{4 \times 3}{2 \times 1} = 16$（通り）

∴ $\dfrac{16}{36} = \dfrac{4}{9}$

（例2） 箱の中に赤球5個，白球4個が入っている．この箱から1個ずつ続けて2個の球を取り出すとき，2個とも同じ色である確率．

解 ［その1］

2個続けて取り出す方法は 9×8（通り）
2個とも同じ色であるのは

| 1個目 | 2個目 | か | 1個目 | 2個目 |
| 赤 | 赤 | | 白 | 白 |
| 5 | × 4 | + | 4 | × 3 |（通り）

∴ $\dfrac{5 \times 4 + 4 \times 3}{9 \times 8} = \dfrac{4}{9}$

［その2］

| 1個目 | 2個目 | | 1個目 | 2個目 |
| 赤 | 赤 | か | 白 | 白 |

$\underset{\text{積}}{\dfrac{5}{9} \times \dfrac{4}{8}} \underset{\text{和}}{+} \underset{\text{積}}{\dfrac{4}{9} \times \dfrac{3}{8}} = \dfrac{4}{9}$

☞ くじ引きの問題や箱，袋などから球(玉)を取り出す問題では，ただし書きがなければ「もとにもどさないで」とするのが普通．

［5］ カード

（例1） 1から12までの数字が1つずつ記入された12枚のカードがあるとき，1枚ずつ続けて2枚取り出して，1方のカードの数字が他方のカードの数字の3倍になっている確率．

解 2枚続けて取り出す方法は 12×11（通り）

（一方）×3＝（他方）となっているのは 8通り

∴ $\dfrac{8}{12 \times 11} = \dfrac{2}{33}$

1枚目	2枚目		1枚目	2枚目
1 — 3			3 — 1	
2 — 6		または	6 — 2	
3 — 9			9 — 3	
4 — 12			12 — 4	

（例2） 1から9までの数字が1つずつ記入された9枚のカードがあり，この中から2枚同時に取り出すとき，その差が3以上になる確率．

解 2枚同時に取り出す方法は，$_9C_2 = \dfrac{9 \times 8}{2 \times 1} = 36$（通り）

「差が3以上」の余事象は「差が2以下」で15通り

∴ $1 - \dfrac{15}{36} = \dfrac{7}{12}$

☞ 確率の計算では，常に 余事象の確率 を利用できないかと，アンテナをはっておくこと．

差2　1—3　　差1　1—2
　　 2—4　　　　 2—3
　　 3—5　　　　 ⋮
　　 4—6
　　 5—7
　　 6—8
　　 7—9　　　　 7—8
　　　　　　　　 8—9

計15通り

（例3） ジョーカーを含まない1組52枚のトランプから，同時に2枚の
カードを引くとき，少なくとも1枚がハートである確率．

解 52枚から2枚引く方法は，$_{52}C_2 = \dfrac{52 \times 51}{2 \times 1} = 26 \times 51$（通り）

「少なくとも1枚がハート」の余事象は「2枚ともハート以外」で，

ハート以外のカードは，$52 - 13 = 39$（枚）

これから同時に2枚引く方法は，$_{39}C_2 = \dfrac{39 \times 38}{2 \times 1} = 39 \times 19$

$\therefore \ 1 - \dfrac{39 \times 19}{26 \times 51} = \dfrac{\mathbf{15}}{\mathbf{34}}$

[6] じゃんけん

（例1） 3人でじゃんけんをするとき，
（1） 1回で1人の勝者が決まる確率．
（2） 1回で1人だけの勝者を決める方式で勝負がつかない確率．

解（1） 手の出し方は，1人3種類（3人ともそれぞれ3種類）なので，3^3（通り）
勝者は3（通り），勝ち方（勝ったときの手の出し方）は3（通り）．

$\therefore \ \dfrac{3 \times 3}{3^3} = \dfrac{\mathbf{1}}{\mathbf{3}}$

☞3人の真上から手を出している様子を写真にとったとして，$3 \times 3 \times 3 = 27$通りの異なる写真がとれるということ．

☞3人だから $\dfrac{1}{3}$ ということではない．（例2）を参照．

（2） 1人だけの勝者が決まらないというケースは次の2通り．
（i） 3人あいこ（3人とも同じ手＋3人ともちがう手）→ $3 + 3 \times 2 \times 1 = 9$（通り）
（ii） 2人勝つ（1人負け） ［例：2人パー，1人グー］ → $_3C_2 \times 3$（通り）

A・B・C 3人のうち

$\therefore \ \dfrac{9 + {}_3C_2 \times 3}{3^3} = \dfrac{\mathbf{2}}{\mathbf{3}}$

3人から勝つ2人を選ぶ　その2人の手（3種類）
↓
残り1人の手は自動的に決まる

☞全事象は
- 1人勝つ（2人負け）
- 2人勝つ（1人負け）
- あいこその1（3人とも同じ手）
- あいこその2（3人ともちがう手）

だから，（2）の余事象は（1）であり，$1 - \dfrac{1}{3} = \dfrac{2}{3}$ とすることもできる．

（例2） 4人でじゃんけんをするとき，1回で1人だけの勝者が決まる確率．

解 手の出し方は，1人3種類で4人だから，3^4（通り）
勝者は4（通り），勝ち方（勝ったときの手の出し方）は3（通り）

$\therefore \ \dfrac{4 \times 3}{3^4} = \dfrac{\mathbf{4}}{\mathbf{27}}$

（例3） 3人でじゃんけんをして，負けた者から順に抜けていき，最後に残った1人を勝者とするとき，ちょうど3回目に勝者が決まる確率．

解 3人のじゃんけんで，3回目で勝者が1人になる過程（勝者の人数の推移）は，右のように3通り．

　　　　　　　　　　　　　　　　　1回目　2回目　3回目
　　　　　　　　　　　　　　　　　3人 → 3人 → 3人 → 1人 … 確率 P_1
　　　　　　　　　　　　　　　　　3人 → 3人 → 2人 → 1人 … 確率 P_2
　　　　　　　　　　　　　　　　　3人 → 2人 → 2人 → 1人 … 確率 P_3

- 3人 → 勝者3人（＝あいこ）となる確率 $=\dfrac{3+3\times 2\times 1}{3\times 3\times 3}=\dfrac{1}{3}$

- 3人 → 勝者2人となる確率＝3人 → 勝者1人となる確率 $=\dfrac{3\times 3}{3\times 3\times 3}=\dfrac{1}{3}$

- 2人 → 勝者2人（＝あいこ）となる確率 $=\dfrac{3}{3\times 3}=\dfrac{1}{3}$

- 2人 → 勝者1人となる確率 $=\dfrac{3\times 2}{3\times 3}=\dfrac{2}{3}$

よって，求める確率 $=P_1+P_2+P_3=\dfrac{1}{3}\times\dfrac{1}{3}\times\dfrac{1}{3}+\dfrac{1}{3}\times\dfrac{1}{3}\times\dfrac{2}{3}+\dfrac{1}{3}\times\dfrac{1}{3}\times\dfrac{2}{3}=\boldsymbol{\dfrac{5}{27}}$

▶応用テーマ **1**

2-1-1　サイコロの応用：平方根

（例1）A，B 2個のサイコロを振って，出た目の数をそれぞれ a，b とするとき，$\sqrt{ab}$ が整数になる確率．

解 ab が平方数になればよい．

```
 a    b
 1  < 1
      4
 2 —— 2
 3 —— 3
 4  < 1
      4
 5 —— 5
 6 —— 6
```
計8通り　∴ $\dfrac{8}{6^2}=\boldsymbol{\dfrac{2}{9}}$

☞ 6×6の表にすると…

a \ b	1	2	3	4	5	6
1	①	2	3	④	5	6
2	2	④	6	8	10	12
3	3	6	⑨	12	15	18
4	④	8	12	⑯	20	24
5	5	10	15	20	㉕	30
6	6	12	18	24	30	㊱

（○の8通り）

（例2）大，中，小のサイコロを投げて，出た目の数を順に a，b，c とするとき，$\sqrt{abc}$ が整数となる確率．

解 abc が平方数になればよい．

i）$ab=$平方数のとき → （例1）の8通り．

このとき，c 自身が平方数（1か4）であればよい．

∴ $8\times 2=16$ 通り

ii）$ab\ne$平方数のとき

（空らんは平方数）　→　$c(1〜6)$ をかけることによって平方数になるものに°をつける　→　°印 $11\times 2=22$（通り）

∴ $\dfrac{16+22}{6^3}=\boldsymbol{\dfrac{19}{108}}$

◀普通に書き並べると…右のようになる．
$24\times 6=144$
　　$=12^2$

ab	c
2 — 2
3 — 3
5 — 5
6 — 6　(2つ)
8 — 2
12 — 3　(2つ)
18 — 2
20 — 5
24 — 6

計11個

2-1-2 サイコロの応用：2次方程式

（例） サイコロを投げて1回目に出た目の数を a，2回目に出た目の数を b として，2次方程式
$x^2 - ax + b = 0$ （※） をつくるとき，
① ※がただ1つの解をもつ確率．
② ※が異なる2つの整数解をもつ確率．

解 ① 2次方程式が「ただ1つの解（＝重解）」をもつのは，$(x-\square)^2 = 0$ という形のとき．
すなわち $x^2 - 2\times\square\times x + \square^2 = 0$ のとき．
　　　　　　　　　　　＝　　　　　＝
　　　　　　　　　　　a　　　　b（が平方数）

$\quad a \quad b$
$\square=1 \quad 2 \leftarrow 1$
$\square=2 \quad 4 \leftarrow 4$ 　　∴ $\dfrac{2}{6^2} = \dfrac{1}{18}$

← $(x-p)^2 = 0$ のとき，$x = p$ で，この2次方程式はただ1つの解をもつ．

② $x^2 - ax + b = 0$ が異なる2つの整数解をもつのは $(x-\bigcirc)(x-\square) = 0$ という形に因数分解できて，
$\begin{cases} \bigcirc\times\square = b \\ \bigcirc+\square = a \end{cases}$ （積が b，和が a となる2数）
　　　　　↑　　　↑
　　　1〜6　1〜6 　となる場合．

表より（図省略）

$b \quad a$
（積）（和）
$2 \quad 3 \quad 1と2$
$3 \quad 4 \quad 1と3$
$4 \quad 5 \quad 1と4$ 　　計5通り 　　∴ $\dfrac{5}{6^2} = \dfrac{5}{36}$
$5 \quad 6 \quad 1と5$
$6 \quad 5 \quad 2と3$

← $x^2 - ax + b = 0$ の解は，
$x = \dfrac{a \pm \sqrt{a^2 - 4b}}{2}$ で，これが整数であるためには，$\sqrt{}$ の中，つまり $a^2 - 4b$ が平方数でなければならない．

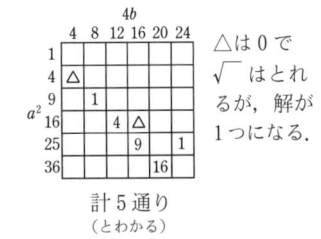

△は0で $\sqrt{}$ はとれるが，解が1つになる．

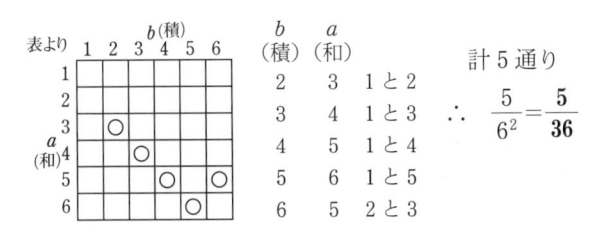

計5通り（とわかる）

単に「整数解をもつ確率」という問題であれば，$\dfrac{2+5}{6^2} = \dfrac{7}{36}$ となる．

2-1-3 サイコロの応用：直線の方程式

（例） サイコロを3回投げて，1回目，2回目，3回目に出た目の数をそれぞれ a, b, c とするとき，2直線 $ax - by + c = 0$，$x - 2y + 3 = 0$ が，
（1） 重なる確率．
（2） 平行（重なる場合は除く）となる確率．
（3） 1点で交わる確率．

解 （1） $\begin{cases} ax - by + c = 0 & \cdots\cdots (\text{i}) \\ x - 2y + 3 = 0 & \cdots\cdots (\text{ii}) \end{cases}$

(i), (ii) が同じ式になるのは
$a \quad b \quad c$
$1 \quad 2 \quad 3$
$2 \quad 4 \quad 6$ ｝の2通り 　　∴ $\dfrac{2}{6^3} = \dfrac{1}{108}$

← 連立方程式
$\begin{cases} ax - by + c = 0 & \cdots\cdots ① \\ x - 2y + 3 = 0 & \cdots\cdots ② \end{cases}$
①，②の…
・解が定まらない（無数にある）
・解がない
・解がある（1組ある）
というのと同じ．

（2）（i），（ii）を $y=\cdots$ の形に直すと，

(i) $y=\boxed{\dfrac{a}{b}}x+\dfrac{c}{b}$ 　　(ii) $y=\boxed{\dfrac{1}{2}}x+\dfrac{3}{2}$

平行になるのは傾きが等しいときだから $\dfrac{a}{b}=\dfrac{1}{2}$

c は（1）以外の何でもよいので，

```
a    b    c
1 ─ 2 ─ 1,2,4,5,6
2 ─ 4 ─ 1,2,3,4,5      計 16 通り
3 ─ 6 ─ 1,2,3,4,5,6
```

$\therefore\ \dfrac{16}{6^3}=\dfrac{2}{27}$

◀ 高校数学でもう一度出てくる．ここで整理しておくと…

座標平面上の 2 直線を
$\begin{cases} a_1x+b_1y+c_1=0 \cdots\cdots① \\ a_2x+b_2y+c_2=0 \cdots\cdots② \end{cases}$
とするとき…

▷ 2 直線が重なる
 ⇒ $\dfrac{a_1}{a_2}=\dfrac{b_1}{b_2}=\dfrac{c_1}{c_2}$ ……#1

▷ 2 直線が平行（重なる場合を除く）
 ⇒ $\dfrac{a_1}{a_2}=\dfrac{b_1}{b_2}\neq\dfrac{c_1}{c_2}$ ……#2

　　＊　　＊　　＊
また 連立方程式 ととらえると…
▷ 解が定まらない ⇒ #1
▷ 解がない ⇒ #2
（ということ）

（3）（1），（2）以外なので

$1-\left(\dfrac{1}{108}+\dfrac{2}{27}\right)=\dfrac{11}{12}$

2-1-4　サイコロの応用：座標平面

（例）A，B 2 個のサイコロを投げて，出た目の数をそれぞれ a，b として，直線 $y=\dfrac{b}{a}x$ ……※ を考える．

① ※が 3 点 (2, 2)，(3, 6)，(6, 4) を頂点とする三角形と交わらない確率．

② ※と放物線 $y=x^2$ との交点の x 座標がすべて整数となる確率．

解　① 図より，○印の点を通る直線が三角形と交わらない．

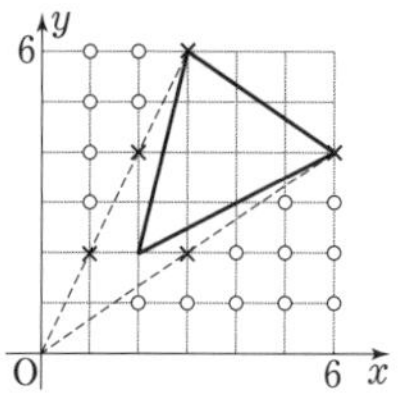

$\therefore\ \dfrac{16}{6^2}=\dfrac{4}{9}$

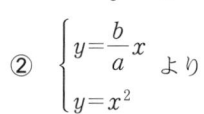

② $\begin{cases} y=\dfrac{b}{a}x \\ y=x^2 \end{cases}$ より

$x^2-\dfrac{b}{a}x=0,\ x\left(x-\dfrac{b}{a}\right)=0$

$\therefore\ x=0,\ \dfrac{b}{a}\ \cdots$ 整数（14 通り）

$\therefore\ \dfrac{14}{6^2}=\dfrac{7}{18}$

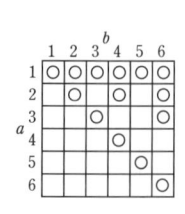

◀ ② は図のようになっている．

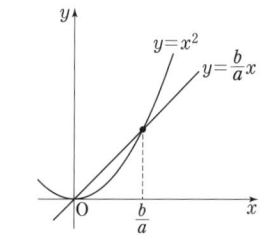

2-1-5 三角形ができる確率

(例1) 三角形をかくのに，1辺の長さを4として，残りの2辺のそれぞれの長さは，大小2つのサイコロを同時に投げて出た目の数とするとき，
① 直角三角形がかける確率．
② 二等辺三角形(正三角形を含む)がかける確率．
③ 三角形がかける確率．

解 ① 残り2辺は，3と5，5と3の2通り
$$\therefore \frac{2}{6^2} = \frac{1}{18}$$

②
大　小
4 — 4 — 4
$4 \begin{cases} 4 - ※ \\ ※ - 4 \end{cases}$ ※…1·2·3·5·6

$4 \begin{cases} 3 - 3 \\ 5 - 5 \\ 6 - 6 \end{cases}$ $1 + 5 \times 2 + 3 = 14$ (通り)

$$\therefore \frac{14}{6^2} = \frac{7}{18}$$

③ 三角形がかけないのは，4以外の辺の

和…4以下　$1 \begin{cases} 1 \\ 2 \\ 3 \end{cases}$　$2 < \begin{matrix} 1 \\ 2 \end{matrix}$　$3 - 1$

差…4以上　$1 < \begin{matrix} 5 \\ 6 \end{matrix}$　$2 - 6$　$5 - 1$　$6 < \begin{matrix} 1 \\ 2 \end{matrix}$

計　12(通り)　$\therefore 1 - \frac{12}{6^2} = \frac{2}{3}$

(例2) 右の図のように，円周を8等分する8個の点から3点をとって三角形をつくるとき， 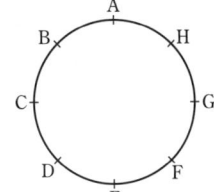
① 直角三角形となる確率．
② 鈍角三角形となる確率．

解 ① 1本の直径に対して $3 \times 2 = 6$ (個)，直径は全部で4本あるから 6×4 (個)．よって
$$\frac{6 \times 4}{_8C_3} = \frac{3}{7}$$

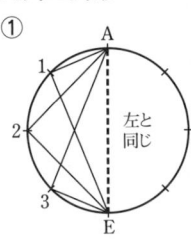

② 図の点Aが鈍角の三角形は3個できる．点B〜Hについても同様なので $3 \times 8 = 24$ (個)できる．
$$\therefore \frac{24}{_8C_3} = \frac{3}{7}$$

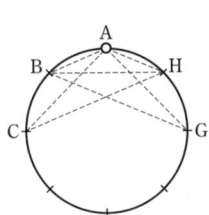

◀三角形の成立条件…
a, b, c が三角形の3辺であるためには…
▷ $a < b + c$
　$b < c + a$
　$c < a + b$
▷ ある辺 c を中心に見ると…
　$\underset{差}{\overset{大}{a}} - \underset{和}{\overset{小}{b}} < c < a + b$
正しくは…
$|a - b| < c < a + b$
となる

本問では
サイコロ大の目…a
サイコロ小の目…b のとき
$|a - b| < 4 < a + b$
であるから，余事象は
$|a - b|$ (差) → 4以上
$a + b$ (和) → 4以下
となる

6×6の表では…

大(a)＼小(b)	1	2	3	4	5	6
1	×	×		×	×	×
2	×					×
3						
4						
5	×					
6	×	×				

どん角
↓
◀ △BAH
　△BAG ⎤ が鈍角三角形
　△CAH ⎦

確率　テーマ別最重要項目のまとめ

かく乱順列

個別に攻略する意識が大事…

場合の数の一つの応用テーマなのですが，テーマそのものが有名なテーマです．試験場で初めて出くわしたのでは，制限時間内に結論に至る保障がありません．名刺交換，プレゼント交換などが題材になっていますが，内容は一つです．内容を理解できれば，一般解を導くことが可能です．

1-1　かく乱順列とは

▷設問例

① 5人の生徒が5つの椅子に座っていて席替えをしたとき，5人全員がはじめに座っていた席と異なる座り方は何通りあるか．

② 赤，青，黄，緑，黒の箱の中に，箱の色と同じ色のボールが1個ずつ入っている．これら5個のボールをとり出して再び1個ずつ箱にもどすとき，どの箱にも箱の色と異なる色のボールが入っているような入れ方は何通りあるか．

▷内容的には…

上の段に1～5の5つの数を固定し，下の段に1～5の5つの数を並べかえて置くとき，上と下の数が一致しない並べ方は何通りあるか．（ということ）

［上の段］1　2　3　4　5
［下の段］□　□　□　□　□

◀数学辞典には「完全順列」という名称で出てくる．フランスの数学者モンモールが取り上げた問題という意味で「モンモールの問題」とも言われる．
「プレゼント交換」，「名刺交換」というテーマでも出題される．
漢字では「攪乱」．

1-2　かく乱順列：数え方

▷数え方［方法1：樹形図で］

［上の段］
　1　2　3　4　5

［下の段］
2 — 1 ＜ 4 — 5 — 3
　　　　 5 — 3 — 4
　　　　 1 — 5 — 4
2 — 3 ＜ 4 — 5 — 1
　　　　 5 — 1 — 4
　　　　 1 — 5 — 3
2 — 4 ＜ 5 — 1 — 3
　　　　 5 — 3 — 1
　　　　 1 — 3 — 4
2 — 5 ＜ 4 — 1 — 3
　　　　 4 — 3 — 1

1の下に，1以外の2を置くと計11通り．
2以外の3，4，5の場合も同様に考えられるので，
$11 \times 4 = 44$（**通り**）

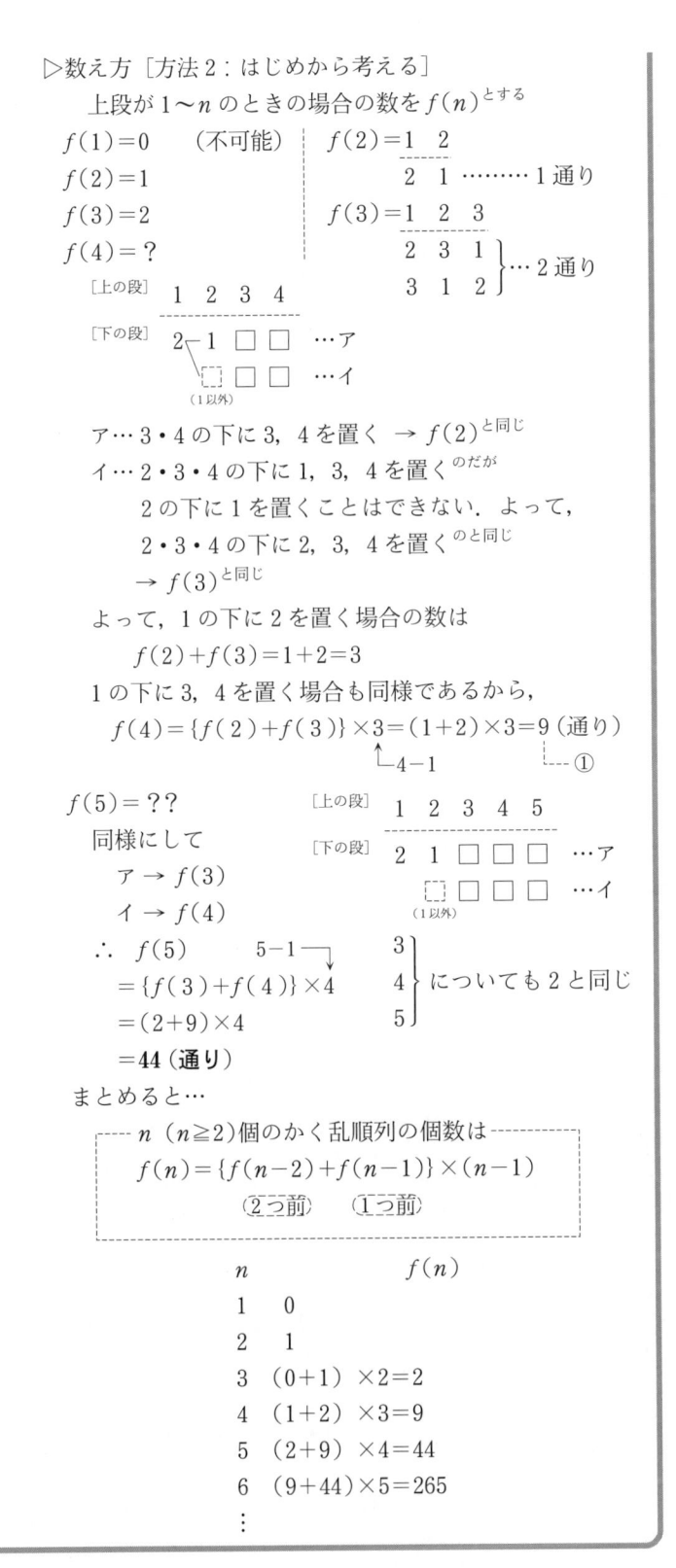

▷数え方［方法2：はじめから考える］

上段が1～nのときの場合の数を $f(n)$ とする

$f(1)=0$　（不可能）　　　　$f(2)=1\ 2$
$f(2)=1$　　　　　　　　　　　　　$2\ 1$ ……… 1通り
$f(3)=2$　　　　　　　　　　$f(3)=1\ 2\ 3$
$f(4)=?$　　　　　　　　　　　　　$2\ 3\ 1$ ⎫
　　　　　　　　　　　　　　　　　　$3\ 1\ 2$ ⎭ …2通り

［上の段］　1　2　3　4
［下の段］　2　1　□　□　…ア
　　　　　　　□　□　□　…イ
　　　　　（1以外）

ア…3・4の下に3, 4を置く → $f(2)$と同じ
イ…2・3・4の下に1, 3, 4を置くのだが
　　2の下に1を置くことはできない．よって，
　　2・3・4の下に2, 3, 4を置くのと同じ
　　→ $f(3)$と同じ

よって，1の下に2を置く場合の数は
　　　　$f(2)+f(3)=1+2=3$

1の下に3, 4を置く場合も同様であるから，
　　　　$f(4)=\{f(2)+f(3)\}\times 3=(1+2)\times 3=9$（通り）
　　　　　└─4−1　　　　　　　　　└─①

$f(5)=??$　　　　　　　［上の段］　1　2　3　4　5
同様にして　　　　　　［下の段］　2　1　□　□　□　…ア
　ア → $f(3)$　　　　　　　　　　　　□　□　□　□　…イ
　イ → $f(4)$　　　　　　　　　　　　（1以外）

∴ $f(5)$　　　　　5−1┐　　3 ⎫
　$=\{f(3)+f(4)\}\times 4$　　4 ⎬ についても2と同じ
　$=(2+9)\times 4$　　　　　5 ⎭
　$=\mathbf{44}$（通り）

まとめると…

┌─ n（$n\geq 2$）個のかく乱順列の個数は ─┐
│　　　$f(n)=\{f(n-2)+f(n-1)\}\times(n-1)$　│
│　　　　　　　　（2つ前）　（1つ前）　　　　│
└──────────────────────┘

　　　　n　　　　　　$f(n)$
　　　　1　　　0
　　　　2　　　1
　　　　3　　　$(0+1)\times 2=2$
　　　　4　　　$(1+2)\times 3=9$
　　　　5　　　$(2+9)\times 4=44$
　　　　6　　　$(9+44)\times 5=265$
　　　　︙

◆アの場合は
　$\begin{cases} 1が2の位置に \\ 2が1の位置に \end{cases}$　$\begin{pmatrix} 1 \\ 2 \end{pmatrix}$
というペアが完成してしまうので，残り2数についてだけ考えればよいということ．

◆1の下に3を　　　　1　2　3　4
置く場合は，　　　　3　□　1　□
右の2つの場合　　　　3　□　□　□
に分かれる．　　　　　　　（1以外）

◆これだけのことを未経験の受験生に考えさせるのは無茶という立場から，次のように求めよという出題の可能性もある．
　$_5P_5$（5!）から題意に適さないものを引いていく…．
小問（1）　1個ダメ　4個OK
　　（2）　2個ダメ　3個OK
　　（3）　3個ダメ　2個OK
　　（4）　4個ダメ（＝5個ダメ）
というように，です．
（1）→　左の①×5=45
（2）→　$2\times {}_5C_2=20$
（3）→　$1\times {}_5C_3=10$
（4）→　1
　　$120-(45+20+10+1)=\mathbf{44}$

コラム② 同じ誕生日の人がいる確率

40人のクラスで,同じ誕生日の人がいる確率はどれくらいか.

高校の数学の授業で,先生がこのテーマを雑談風に口にして説明を始めたとき,メモも取らずに聞いていた私は,半信半疑のまま結論だけが頭に残っていた.

それから十数年後,中学生対象に数学を教えるようになったとき,このテーマを自分で確認することになった.

まず,次の2つのテーマを区別しなければならない.

テーマA:n人の集まりで,同じ誕生日の人がいる確率をP_nとする.

テーマB:n人の集まりで,特定の人たとえば自分と同じ誕生日の人がいる確率をQ_nとする.

閏年を考えないとすると,1年は365日なのだから,○月×日,という誕生日は365通りある.

▷ $n=2$ とする.ある人の誕生日が○月×日のとき,2人目の誕生日がこれと同じである確率は $\frac{1}{365}$. ∴ $P_2=Q_2=\frac{1}{365}$.

▷ $n=3$ とする.ある人の誕生日が○月×日のとき,2人目,3人目ともにこの誕生日でない確率は $\left(\frac{364}{365}\right)^2$. ∴ $Q_3=1-\left(\frac{364}{365}\right)^2$.

2人目の誕生日が○月×日でなく,3人目の誕生日が1人目とも2人目ともちがう確率は $\frac{364}{365}\times\frac{363}{365}$, ∴ $P_3=1-\frac{364}{365}\times\frac{363}{365}$

▷ $n=4$ とする.同様に考えて,

$Q_4=1-\left(\frac{364}{365}\right)^3$

$P_4=1-\frac{364}{365}\times\frac{363}{365}\times\frac{362}{365}$

▷以上より,

$Q_n=1-\left(\frac{364}{365}\right)^{n-1}$

$P_n=1-\frac{364}{365}\times\frac{363}{365}\times\frac{362}{365}\times\cdots\times\frac{365-n+1}{365}$

∴ $P_n=1-\frac{365!}{365^n\times(365-n)!}$

n	確率 P_n	確率 Q_n
2	0.0027…	0.0027…
3	0.0082…	0.0054…
4	0.0163…	0.0081…
⋮	⋮	⋮
20	0.4114…	0.0507…
30	0.7063…	0.0764…
40	0.8912…	0.1039…
50	0.9703…	0.1257…
⋮	⋮	⋮

$P_{23}=0.507\cdots$,$Q_{23}=0.058\cdots$ であることが知られている.その意味するところは…,

> 自分も含め23人が集まると,自分と同じ誕生日の人がいる確率は6%程度だが,その23人の中に同じ誕生日の人がいる確率は50%を超える ということ.

誰でもよいから同じ誕生日の人がいる,という確率は,40人集まると90%弱,50人集まると,97%を越える.

知らない人の多くは,「ええっ,まさか!」とこの事実と日常感覚とのギャップに驚くはずである.

このテーマは,人間のもつ日常感覚の危うさ,脆さを示す例として,また目の前にある現象の本質をとらえるための数学的思考の大切さを教えてくれる例として,とても興味深い.

コラム③
宝くじ：この絶望的「確からしさ」

最近はあまり見かけないが、以前は中学入試問題の中に「確率」に関する問題が出題されていて、「確率」でなく「確からしさ」という表現が使われていた。

宝くじの歴史をみると、1等賞金が1000万円に達するのが1968年(昭和43年)とある。1992年(平成4年)の全国自治宝くじの1等賞金は6000万円で、売り出し文句は「1等・前後賞あわせて1億2000万円」だった。

2010年(平成22年)のサマージャンボ宝くじの1等賞金は2億円。

2011年の「年末ジャンボ宝くじ」

等　　級	当せん金	本　数 (66ユニット)
1等	200,000,000円	132本
1等の前後賞	50,000,000円	264本
1等の組違い賞	100,000円	13,068本
2等	100,000,000円	66本
3等	1,000,000円	1,320本
4等	500,000円	6,600本
5等	10,000円	660,000本
6等	3,000円	6,600,000本
7等	300円	66,000,000本

(みずほ銀行)
http://www.takarakuji.mizuhobank.co.jp/topics/index.html
＊発売予定額　66ユニット1980億円。

ムムッ、「66ユニット」とは？

◇ **まず、1ユニットとは…**
- 2けたの組　00から99まで　100通り。
- 6けたの番号　左の2けたは10～19の10通り、残り4けたは、各0～9の10通りの4乗($10×10×10×10=10^4$)通り。
- ∴ 番号は、$10×10^4=10^5=10$万通り。

つまり、2けたの組・6けたの番号で、
$$100×100000=10000000(1000万)$$
の番号がある。これが1ユニット。このうちのある2つの番号(66ユニットで1等132本なので、1ユニットあたり1等が2本ある)、当選番号○○組○○○○○○番または□□組□□□□□□番の券を運よく買っていれば、2億円が当たった、ということになる。というわけで、1枚300円の宝くじを、1枚だけ買って、この「1等2億円」が当たる確率(確からしさ)は…、
$$\frac{2}{10000000}(500万分の1)ということ。$$

☞ 昨年までは、1ユニット1本だった。

これは、どのくらいの確率(確からしさ)か。
1枚300円の宝くじを…

→ 500万人が買えば、誰か1人当たる。

→ 1人が一度に500万枚買えば、普通は当たる。でも300円×500万＝15億円かかる。

→ 毎日コツコツという感じで、「1日1枚」を買い続けると、平年だけの計算で500万枚買うのに約13700年かかる。1日100枚に変更しても、137年かかる。そんなに生きられないが、そもそも年末ジャンボ宝くじの発売期間は、11月24日から12月22日だから、これも無理。

→ 50000人収容の野球場100個分の観客席に座る1人に、ホームランボールが1球必ず当たるとして、毎年出かけていって奇跡の1球が自分に当たる確からしさは…

◇ **66ユニットでは…**

「1等2億円132本も…」ということでも事態は、何も変わらない。1ユニットの66倍、1000万本×66ユニット＝6億6000万本が発売されるということだから、66ユニット発売されて当たる確率が66倍になるのではなく、当たる確率は1ユニットの場合と同じ500万分の1。

◇ 関心がある人は、1枚買って…、
せめて1000万円以上 or せめて100万円以上
当たる確率などを、求めてみよう。

ああっ、それにしても、夢の宝くじの、この「絶望的確からしさ」ょ!!!

コラム④ 「ファレイ数列」という数列

ある性質をもった数列を F とし，その1番目を F_1，2番目を F_2，3番目を F_3，…として，n 番目の数列を F_n と表すことにする．

----**ファレイ数列** F_n とは…
n 以下の分母をもつ 0 以上 1 以下のすべての既約分数を小さい順に並べたもの．----

となり合う分数の分母どうし，分子どうしをたして新しい分数をつくることを＜操作＞と呼ぶとすれば…，

- F_1 の＜操作＞によってできる1個の分数が F_2 に加わる．
- F_2 の＜操作＞によってできる2個の分数が F_3 に加わる．

$$\frac{0+1}{1+2}=\frac{1}{3}, \quad \frac{1+1}{2+1}=\frac{2}{3}$$

- F_3 の＜操作＞によってできる2個の分数が F_4 に加わる．

$$\frac{0+1}{1+3}=\frac{1}{4}, \quad \frac{2+1}{3+1}=\frac{3}{4}$$

$$F_1 = \frac{0}{1}, \frac{1}{1}$$
$$F_2 = \frac{0}{1}, \frac{1}{2}, \frac{1}{1}$$
$$F_3 = \frac{0}{1}, \frac{1}{3}, \frac{1}{2}, \frac{2}{3}, \frac{1}{1}$$
$$F_4 = \frac{0}{1}, \frac{1}{4}, \frac{1}{3}, \frac{1}{2}, \frac{2}{3}, \frac{3}{4}, \frac{1}{1}$$
⋮

このとき，F_4 は，分母が4以下の分数ということなので，$\frac{1}{3}$ と $\frac{1}{2}$，$\frac{1}{2}$ と $\frac{2}{3}$ についてはこの操作は行わない（同じ操作をすると，分母が5の分数ができる）．

こうしてつくられた分数の列には，以下のような性質がある．

$$\ldots, \frac{\square}{\square}, \frac{\square}{\square}, \frac{B}{A}, \frac{D}{C}, \frac{F}{E}, \frac{\square}{\square}, \frac{\square}{\square}, \ldots \text{ において，}$$

$$A\times D - B\times C = 1, \quad C\times F - D\times E = 1$$

ということが，すべての場所でおこっている．

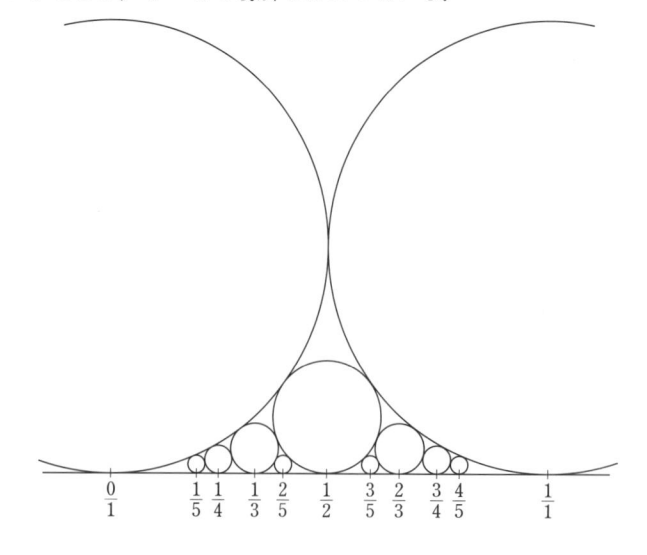

（例）F_4
$$= \frac{0}{1}, \frac{1}{4}, \frac{1}{3}, \frac{1}{2}, \frac{2}{3}, \frac{3}{4}, \frac{1}{1}$$

$1\times1-0\times4=1$
$4\times1-1\times3=1$
$3\times1-1\times2=1$
$2\times2-1\times3=1$
$3\times3-2\times4=1$
$4\times1-3\times1=1$

円どうしが接している図形
——フォードの円という——
に，なんと，このファレイ数列が登場する．中学数学を学習すると，図形の性質からそれぞれの値を実際に求めることができる．

$\frac{0}{1} \quad \frac{1}{5}\frac{1}{4}\frac{1}{3}\frac{2}{5} \quad \frac{1}{2} \quad \frac{3}{5}\frac{2}{3}\frac{3}{4}\frac{4}{5} \quad \frac{1}{1}$

第3部　数 列

▶ 数列

数列

代表的な数列って何と何…

中学受験生は「規則性」として，大学受験生は「数列」として，受験の主要テーマの一つとして学習するのですが，高校受験生の多くが学習しないまま受験することになります．高校入試で取り上げられる数列は何種類もないので，少ない出会いを大切にして，突然出くわしてもまごつくことのないようにしましょう．

❖ いろいろな数列

1-1-1 等差数列

[等差数列の第 n 項]

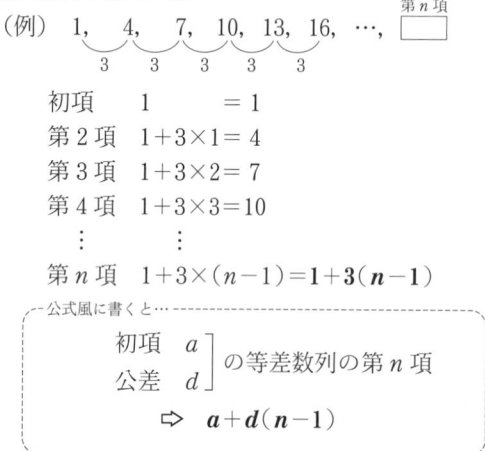

（例）　1, 4, 7, 10, 13, 16, …, ☐ ← 第 n 項
　　　　 3 3 3 3 3

初項　　1　　　＝1
第2項　1＋3×1＝4
第3項　1＋3×2＝7
第4項　1＋3×3＝10
　⋮　　　　⋮
第 n 項　$1+3×(n-1)=1+3(n-1)$

◀高校数学では，最初の数を「初項」，最初から数えて第 n 番目の数を「第 n 項」，変わらない差のことを「公差」（英語では common difference）という．

公式風に書くと…

初項　a
公差　d
の等差数列の第 n 項
⇨ $a+d(n-1)$

[等差数列の和]

（例1）　$1+2+3+\cdots+49+50=$ ☐

　　　　　1　＋　2　＋　3　＋　⋯　＋　49　＋　50
　　＋）50　＋　49　＋　48　＋　⋯　＋　2　＋　1
　　　　51　＋　51　＋　51　＋　51　＋　51　＋　51
　　　　　　　　　　　　　50個

▷計算式　$(1+50)×50×\dfrac{1}{2}=$ **1275**

☞右のように計算してもよいが個数が偶数のときと奇数のときとで，計算方法がちがってくる．

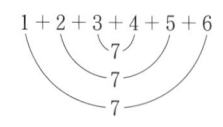

◀ビジュアルに表現すると…．

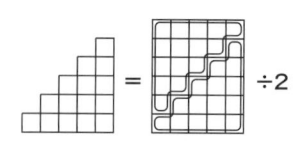

ということ．

　　1＋2＋3＋4＋5＋6
　　　　　7
　　　　　7
　　　　　7

(例2)　$1+4+7+10+\cdots\cdots+97+100=\boxed{}$
　　　　$1+3(n-1)=100$ より $n=34$　←第34項

$$\begin{array}{r}1+4+7+\cdots+97+100\\+)\ 100+97+94+\cdots+4+1\\\hline 101+101+101+101+101+101\end{array}$$
　　　　　　　　　　$\underbrace{}_{34個}$

▷計算式　$(1+100)\times 34\times\dfrac{1}{2}=\mathbf{1717}$

---公式風に書くと---
$\left.\begin{array}{l}\text{初項}\quad a\\\text{公差}\quad d\end{array}\right\}$の等差数列の和
（第 n 項までの和）
$\Rightarrow \dfrac{1}{2}n\{2a+(n-1)d\}$

↑第 n 項は，$a+(n-1)d$ なので，
初項＋第 n 項＝$2a+(n-1)d$
ということ．

1-1-2　等比数列

[等比数列の第 n 項]

(例1)　$1,\ \underbrace{2,}_{\times 2}\ \underbrace{4,}_{\times 2}\ \underbrace{8,}_{\times 2}\ \underbrace{16,}_{\times 2}\ \underbrace{32,}_{\times 2}\ \cdots,\ \boxed{}$ 第 n 項

　　初項　　　1　　　$=1$
　　第2項　1×2　$=2$
　　第3項　1×2^2　$=4$
　　第4項　1×2^3　$=8$
　　　　　　　⋮
　　第 n 項　$1\times 2^{n-1}=\mathbf{2^{n-1}}$

(例2)　$2,\ \underbrace{6,}_{\times 3}\ \underbrace{18,}_{\times 3}\ \underbrace{54,}_{\times 3}\ \cdots,\ \boxed{}$ 第 n 項

　　初項　　　2　　　$=2$
　　第2項　2×3　$=6$
　　第3項　2×3^2　$=18$
　　第4項　2×3^3　$=54$
　　　　　　　⋮
　　第 n 項　$2\times 3^{n-1}=\mathbf{2\cdot 3^{n-1}}$

◀等比数列における一定の比を「公比」（英語では common ratio）という．$\sqrt{}$ に関連して登場した
$\left[\begin{array}{l}\text{有理数 rational number}\\\text{無理数 irrational number}\end{array}\right.$
の ratio と同じ意味．

◀$1,\ \dfrac{1}{3},\ \dfrac{1}{9},\ \dfrac{1}{27},\ \cdots$ と，公比が分数 $\left(=\dfrac{1}{3}\right)$ でも，同じように扱う．

---公式風に書くと---
$\left.\begin{array}{l}\text{初項}\quad a\\\text{公比}\quad r\end{array}\right\}$の等比数列の第 n 項
$\Rightarrow \mathbf{a\times r^{n-1}}$

[等比数列の和]

(例1)　$1+2+4+8+\cdots+1024=\boxed{}$
　　　　$(1+2^1+2^2+2^3+\cdots+2^{10}=\boxed{})$

$$\begin{array}{rl}S=&1+2^1+2^2+2^3+\cdots+2^9+2^{10}\\2S=&2^1+2^2+2^3+\cdots+2^9+2^{10}+2^{11}\\-)\ S=&1+2^1+2^2+2^3+\cdots+2^9+2^{10}\\\hline S=&2^{11}-1\\=&\mathbf{2047}\end{array}$$

$2S=$ とする

◀整数問題などで使う場面もあるので…．
$\boxed{2^{10}=1024}$
は覚えておくこと．
$\left.\begin{array}{l}2^{10}\cdots 約 1000\\2^{20}\cdots 約 100万\\2^{30}\cdots 約 10億\end{array}\right\}$ということ．

(例2)　$1+3^1+3^2+3^3+\cdots+3^7=\boxed{}$　　　　　　◀ $3^7=2187$

$S= 1 + 3^1 + 3^2 + 3^3 + \cdots + 3^6 + 3^7$　とする

$3S=3^1 + 3^2 + 3^3 + \cdots + 3^6 + 3^7 + 3^8$

$S= 1 + 3^1 + 3^2 + 3^3 + \cdots + 3^6 + 3^7$

$2S=3^8-1$

$\therefore\ S=\dfrac{3^8-1}{2}=\mathbf{3280}$

・公式風に書くと・・・

$\left.\begin{array}{l}\text{初項}\quad a\\ \text{公比}\quad r\end{array}\right\}$ の等比数列の和(第n項までの和)

$\Rightarrow\ \dfrac{a(r^n-1)}{r-1}$ （ただし，$r\ne 1$）

◀主要部分は…

$rS=+ar^n$
$-)\ \ S=a+$
$\overline{(r-1)S=a(r^n-1)}$
（ということ）

1-1-3　フィボナッチ数列になる有名テーマ

[テーマその1]　階段の登り方

（問）7段の階段を登るのに，1段ずつ，2段ずつ，または1段と2段をまぜて登るとすると，登り方は全部で □ 通りある．

◀ 1-5 参照(☞p.40)．ただし，本来のフィボナッチ数列は，
1，1，2，3，5，8，13，…
と始まるとするのが一般的．

解・1

2段ずつを…

3回　1 2 2 2　　の並べかえ　4通り
2回　1 1 1 2 2　　の並べかえ　10通り
1回　1 1 1 1 1 2　　の並べかえ　6通り
0回　1 1 1 1 1 1 1　　　　　　1通り
　　　　　　　　　　　　　　　計 **21** 通り

◀ $_4C_1=4$
$_5C_2=10$ ｝ **1-1**-1 参照
$_6C_1=6$ 　(☞p.68)．

解・2　n段のときの登り方をF_nとする．

F_7（7段の登り方）は…

$\begin{cases}\text{6段まで登って}(F_6\text{通り})\text{，あと1段登る}\\ \text{5段まで登って}(F_5\text{通り})\text{，あと2段登る}\end{cases}$（のどちらか）

$\therefore\ F_7=F_6+F_5$

同様に，$F_6=F_5+F_4$，$F_5=F_4+F_3$，…より，

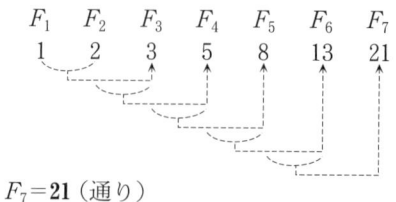

$F_1\ \ F_2\ \ F_3\ \ F_4\ \ F_5\ \ F_6\ \ F_7$
$1\ \ \ 2\ \ \ 3\ \ \ 5\ \ \ 8\ \ \ 13\ \ \ 21$

$F_7=\mathbf{21}$（通り）

◀ $F_1=1$（1通り）
$F_2=2$（2通り：1段, 2段）
$F_3=F_2+F_1=2+1=3$
$F_4=F_3+F_2=3+2=5$
$F_5=F_4+F_3=5+3=8$
$F_6=F_5+F_4=8+5=13$
$F_7=F_6+F_5=13+8=21$
（ということ）

[テーマその2]　1×2のタイルの並べ方

（問い）　縦2cm，横1cm の長方形のタイルがたくさんある．このタイルをすきまなく並べて縦2cm 横 n cm の長方形をつくるとき，タイルの並べ方の総数を a_n とすると，$a_{10}=$ □．

解　a_4 について考える．

タイルを左端に配置する方法は，右の2通り．

このとき，残りの場所にタイルを配置する方法は…

- タイプ1：ア → a_3 と同じ
- タイプ2：イ → a_2 と同じ

∴　$a_4=a_3+a_2$

a_5 についても同様．

- タイプ1：ウ → a_4 と同じ
- タイプ2：エ → a_3 と同じ

以上より，$a_n=a_{n-1}+a_{n-2}$

$a_1=1,\ a_2=2$
$a_3=a_2+a_1=2+1=3$
$a_4=a_3+a_2=3+2=5$
$a_5=a_4+a_3=5+3=8$
⋮
∴　$a_{10}=89$

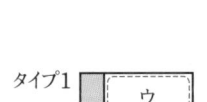

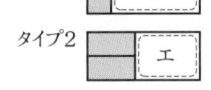

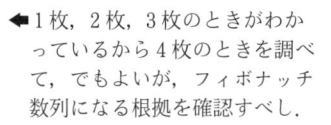

◀1枚，2枚，3枚のときがわかっているから4枚のときを調べて，でもよいが，フィボナッチ数列になる根拠を確認すべし．

◀左端に右のように1枚置くと，2枚目はその上に重ねておくしかない．

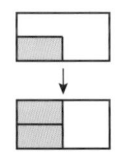

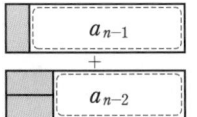

◀$a_{n+2}=a_n+a_{n+1}$ としてもよい．

◀$a_6=8+5=13$
$a_7=13+8=21$
$a_8=21+13=34$
$a_9=34+21=55$
$a_{10}=55+34=89$

1-1-4　フィボナッチからトリボナッチへ

（例）　7段の階段を登るのに，1段ずつ，2段ずつ，3段ずつまたは1段，2段，3段をまぜて登るとすると，登り方は全部で□通りある．

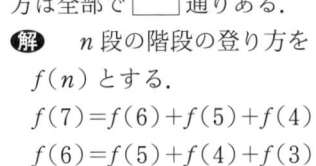

解　n 段の階段の登り方を $f(n)$ とする．

$f(7)=f(6)+f(5)+f(4)$
$f(6)=f(5)+f(4)+f(3)$
⋮
$f(3)=4,\ f(2)=2,\ f(1)=1$
以上より，$f(7)=44$

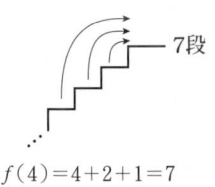

$f(4)=4+2+1=7$
$f(5)=7+4+2=13$
$f(6)=13+7+4=24$
$f(7)=24+13+7=44$

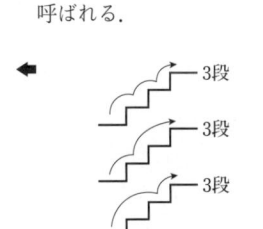

◀「3項和数列」となっているこの数列は，トリボナッチ数列と呼ばれる．

2-1-1 規則性をもつ分数の列（グループ分け）

［例1］次のようにある規則にしたがって分数が並んでいる．
$$\frac{1}{2},\ 1,\ \frac{1}{3},\ \frac{2}{3},\ 1,\ \frac{1}{4},\ \frac{2}{4},\ \frac{3}{4},\ 1,\ \frac{1}{5},\ \frac{2}{5},\ \cdots\cdots$$

（1）初めから数えて100番目の分数は ☐ である．
（2）20番目の1までの数のすべての和は ☐ である．

［解説］（1）数の列に現れる1を左から順に $\frac{2}{2},\ \frac{3}{3},\ \frac{4}{4},\ \cdots\cdots$ とみて，最初から2個，3個，4個，…… のグループに分ける．すると，第1グループは分母が2の分数2個，第2グループは分母が3のグループが3個，…と並んでいる．第 n グループまでの分数の総数を $S(n)$ とすると，

$$S(n) = 2+3+4+\cdots+(n+1) = \{2+(n+1)\} \times n \times \frac{1}{2}$$

これが100に近いのは，$S(12)=90$，$S(13)=104$ より，

第13グループの最初の分数は $\frac{1}{14}$ で，91番目の数，よって，100番目の数は，$\frac{10}{14}$

（2）第1から第20の各グループの和はそれぞれ，$\frac{3}{2},\ \frac{4}{2},\ \frac{5}{2},\ \frac{6}{2},\ \cdots\cdots,\ \frac{21}{2},\ \frac{22}{2}$ となっているので，合計は，$\left(\frac{3}{2}+\frac{22}{2}\right) \times 20 \times \frac{1}{2} = \mathbf{125}$

［例2］次のようにある規則にしたがって分数が並んでいる．
$$\frac{1}{1},\ \frac{1}{2},\ \frac{2}{1},\ \frac{1}{3},\ \frac{2}{2},\ \frac{3}{1},\ \frac{1}{4},\ \frac{2}{3},\ \frac{3}{2},\ \frac{4}{1},\ \frac{1}{5},\ \frac{2}{4},\ \cdots\cdots,\ \frac{3}{7},\ \cdots\cdots,\ \frac{8}{3},\ \frac{9}{2},\ \frac{10}{1}$$

（1）$\frac{3}{7}$ は ☐ 番目にある．
（2）並んでいる分数をすべて加え，帯分数で表すと ☐ になる．

［解説］（1）最初から1個，2個，3個，……とグループに分ける．すると，第7グループの最初の分数が $\frac{1}{7}$，第8グループの2番目の分数が $\frac{2}{7}$，第9グループの3番目の数が $\frac{3}{7}$ なので，$1+2+3+\cdots+7+8+3 = (1+8)\times 8 \times \frac{1}{2}+3 = \mathbf{39}$（**番目**）

（2）$1+2+3$ のように，1から3までの連続する数の和を $1\sim 3$ のように表し，分母が同じ数どうしの組に分類して加えると，求める数の合計は

$$\frac{1\sim 10}{1}+\frac{1\sim 9}{2}+\frac{1\sim 8}{3}+\cdots\cdots+\frac{1\sim 2}{9}+\frac{1}{10}$$

これを計算して，$\mathbf{105+\dfrac{341}{420}}$

▶応用テーマ 1

分母も分子も 0 以上 n 以下の整数である 1 以下の既約分数のすべてを小さいものから順に並べた分数の列 F_n がある．例えば，

$F_1 = \dfrac{0}{1}, \dfrac{1}{1}$

$F_2 = \dfrac{0}{1}, \dfrac{1}{2}, \dfrac{1}{1}$

$F_3 = \dfrac{0}{1}, \dfrac{1}{3}, \dfrac{1}{2}, \dfrac{2}{3}, \dfrac{1}{1}$

$F_4 = \dfrac{0}{1}, \dfrac{1}{4}, \dfrac{1}{3}, \dfrac{1}{2}, \dfrac{2}{3}, \dfrac{3}{4}, \dfrac{1}{1}$

$F_5 = \dfrac{0}{1}, \dfrac{1}{5}, \dfrac{1}{4}, \dfrac{1}{3}, \dfrac{2}{5}, \dfrac{1}{2}, \dfrac{3}{5}, \dfrac{2}{3}, \dfrac{3}{4}, \dfrac{4}{5}, \dfrac{1}{1}$

◀ファレイ数列（p.92）という．

F_{13} の中の $\dfrac{3}{8}$ の右どなりの分数は □ である．

ヒント 各分数の列，例えば F_4 についてみると，右のように

$\dfrac{□}{□}, \dfrac{□}{□}, \dfrac{B}{A}, \dfrac{D}{C}, \dfrac{F}{E}, \dfrac{□}{□}, \dfrac{□}{□}, \cdots$ において，

$1 \times 1 - 0 \times 4 = 1$
$4 \times 1 - 1 \times 3 = 1$
$3 \times 1 - 1 \times 2 = 1$
$2 \times 2 - 1 \times 3 = 1$
$3 \times 3 - 2 \times 4 = 1$
$4 \times 1 - 3 \times 1 = 1$

$A \times D - B \times C = 1$
$C \times F - D \times E = 1$

ということが，すべての場所でおこっていることが知られている．

$\cdots, \dfrac{3}{8}, \dfrac{B}{A}, \cdots$ となっていることに着目すると，

◀1 番目の分数と 2 番目の分数で，

$\dfrac{0}{1} \times \dfrac{1}{4}$

1番目の　2番目の　　1番目の　2番目の
分母×分子 − 分子×分母

という操作で，$1 \times 1 - 0 \times 4 = 1$ となり，以下，2 番目の分数と 3 番目の分数で，さらに次も…というように，計算する，ということ．

解説 $8 \times B - 3 \times A = 1$ が成り立つ（ただし，A，B は 1 以上 13 以下の整数）．

$8 \times \underset{\underset{5}{\uparrow}}{B} - 3 \times \underset{\underset{13}{\uparrow}}{A} = 1$
      2   5
      5 13

$\dfrac{B}{A}$ の候補は，$\dfrac{2}{5}$ と $\dfrac{5}{13}$ だが，$\dfrac{2}{5} \overset{大}{=} 0.4$，$\dfrac{5}{13} \overset{小}{=} 0.38\cdots$

なので，$\dfrac{3}{8}$ の右どなりの分数は，

小さい方の $\dfrac{5}{13}$ … 答え

2-2-1 規則性をもつ分数の和

[例1] 次の計算をしなさい．

(1) $\dfrac{1}{1\times 2}+\dfrac{1}{2\times 3}+\dfrac{1}{3\times 4}+\dfrac{1}{4\times 5}+\cdots\cdots+\dfrac{1}{8\times 9}+\dfrac{1}{9\times 10}$

(2) $\dfrac{1}{1\times 2\times 3}+\dfrac{1}{2\times 3\times 4}+\dfrac{1}{3\times 4\times 5}+\dfrac{1}{4\times 5\times 6}+\cdots\cdots+\dfrac{1}{7\times 8\times 9}+\dfrac{1}{8\times 9\times 10}$

(計算法)

(1)
$\dfrac{1}{1\times 2}=\dfrac{1}{1}-\dfrac{1}{2}$
$\dfrac{1}{2\times 3}=\dfrac{1}{2}-\dfrac{1}{3}$
$\dfrac{1}{3\times 4}=\dfrac{1}{3}-\dfrac{1}{4}$
$\vdots$
$\dfrac{1}{8\times 9}=\dfrac{1}{8}-\dfrac{1}{9}$
$\dfrac{1}{9\times 10}=\dfrac{1}{9}-\dfrac{1}{10}$
$\dfrac{1}{1}-\dfrac{1}{10}=\dfrac{9}{10}$

(2)
$\dfrac{1}{1\times 2\times 3}=\left(\dfrac{1}{1\times 2}-\dfrac{1}{2\times 3}\right)\times\dfrac{1}{2}$
$\dfrac{1}{2\times 3\times 4}=\left(\dfrac{1}{2\times 3}-\dfrac{1}{3\times 4}\right)\times\dfrac{1}{2}$
$\dfrac{1}{3\times 4\times 5}=\left(\dfrac{1}{3\times 4}-\dfrac{1}{4\times 5}\right)\times\dfrac{1}{2}$
$\vdots$
$\dfrac{1}{7\times 8\times 9}=\left(\dfrac{1}{7\times 8}-\dfrac{1}{8\times 9}\right)\times\dfrac{1}{2}$
$\dfrac{1}{8\times 9\times 10}=\left(\dfrac{1}{8\times 9}-\dfrac{1}{9\times 10}\right)\times\dfrac{1}{2}$
$\left(\dfrac{1}{1\times 2}-\dfrac{1}{9\times 10}\right)\times\dfrac{1}{2}=\dfrac{11}{45}$

$\boxed{\dfrac{1}{n(n+1)}=\dfrac{1}{n}-\dfrac{1}{n+1}}\cdots(\text{I})$ より，$\dfrac{1}{1\times 2}=\dfrac{1}{1}-\dfrac{1}{2}$，$\dfrac{1}{2\times 3}=\dfrac{1}{2}-\dfrac{1}{3}$，… ということ．

$\boxed{\dfrac{1}{n(n+1)(n+2)}=\dfrac{1}{2}\left\{\dfrac{1}{n(n+1)}-\dfrac{1}{(n+1)(n+2)}\right\}}\cdots(\text{II})$ より，

$\dfrac{1}{1\times 2\times 3}=\left(\dfrac{1}{1\times 2}-\dfrac{1}{2\times 3}\right)\times\dfrac{1}{2}$，$\dfrac{1}{2\times 3\times 4}=\left(\dfrac{1}{2\times 3}-\dfrac{1}{3\times 4}\right)\times\dfrac{1}{2}$，… ということ．

[例2] 次の計算をしなさい．

(1) $1+\dfrac{1}{1+2}+\dfrac{1}{1+2+3}+\dfrac{1}{1+2+3+4}+\cdots+\dfrac{1}{1+2+3+\cdots+12}$

(2) $\dfrac{1}{1\times 2}+\dfrac{2}{1\times 2\times 3}+\dfrac{3}{1\times 2\times 3\times 4}+\dfrac{4}{1\times 2\times 3\times 4\times 5}+\cdots\cdots+\dfrac{9}{1\times 2\times 3\times\cdots\times 9\times 10}$

(計算法) (1) [**方法1**]

1

$1+\dfrac{1}{1+2}=\dfrac{4}{3}$

$1+\dfrac{1}{1+2}+\dfrac{1}{1+2+3}=\dfrac{9}{6}$

$1+\dfrac{1}{1+2}+\dfrac{1}{1+2+3}+\dfrac{1}{1+2+3+4}=\dfrac{16}{10}$

$\vdots$

ここで，計算結果の 1, $\overset{1番目}{}$ $\overset{2番目}{\dfrac{4}{3}}$, $\overset{3番目}{\dfrac{9}{6}}$, $\overset{4番目}{\dfrac{16}{10}}$, … と続く分数の分子は，$1^2=1$，$2^2=4$，$3^2=9$，$4^2=16$，… と平方数に，分母は，$1=1$，$3=1+2$，$6=1+2+3$，$10=1+2+3+4$，… と三角数になっている．12番目の分数の分子は，12^2，分母は，$1+2+3+4+\cdots+12=(1+12)\times 12\div 2$ となっている．よって，

$$1+\dfrac{1}{1+2}+\dfrac{1}{1+2+3}+\dfrac{1}{1+2+3+4}+\cdots+\dfrac{1}{1+2+3+4+\cdots+12}=\dfrac{12^2}{(1+12)\times 12\div 2}=\dfrac{\mathbf{24}}{\mathbf{13}}$$

[**方法2**] $1+2+3+\cdots+(n-1)+n=\dfrac{n(n+1)}{2}$ より，

$$\dfrac{1}{1+2+3+\cdots+(n-1)+n}=1\div\dfrac{n(n+1)}{2}=1\times\dfrac{2}{n(n+1)}$$

∴ （I）より，$\dfrac{1}{1+2+3+\cdots+(n-1)+n}=2\left(\dfrac{1}{n}-\dfrac{1}{n+1}\right)$ ………………(III)

これより，与式 $=\left(\dfrac{1}{1}-\dfrac{1}{2}\right)\times 2+\left(\dfrac{1}{2}-\dfrac{1}{3}\right)\times 2+\left(\dfrac{1}{3}-\dfrac{1}{4}\right)\times 2+\cdots+\left(\dfrac{1}{12}-\dfrac{1}{13}\right)\times 2$

$=\left(\dfrac{1}{1}-\dfrac{1}{13}\right)\times 2=\dfrac{\mathbf{24}}{\mathbf{13}}$

（2）[**方法1**] $\dfrac{1}{1\times 2}=\dfrac{2-1}{1\times 2}=\dfrac{1\times 2-1}{1\times 2}$

$\dfrac{1}{1\times 2}+\dfrac{2}{1\times 2\times 3}=\dfrac{5}{1\times 2\times 3}=\dfrac{6-1}{1\times 2\times 3}=\dfrac{1\times 2\times 3-1}{1\times 2\times 3}$

$\dfrac{1}{1\times 2}+\dfrac{2}{1\times 2\times 3}+\dfrac{3}{1\times 2\times 3\times 4}=\dfrac{23}{1\times 2\times 3\times 4}=\dfrac{24-1}{1\times 2\times 3\times 4}=\dfrac{1\times 2\times 3\times 4-1}{1\times 2\times 3\times 4}$

（同様にして）

$\dfrac{1}{1\times 2}+\dfrac{2}{1\times 2\times 3}+\dfrac{3}{1\times 2\times 3\times 4}+\cdots+\dfrac{9}{1\times 2\times 3\times\cdots\times 9\times 10}$

$=\dfrac{1\times 2\times 3\times\cdots\times 9\times 10-1}{1\times 2\times 3\times\cdots\times 9\times 10}=\dfrac{\mathbf{3628799}}{\mathbf{3628800}}$

[**方法2**]

与式 $=\dfrac{1}{1}-\dfrac{1}{1\times 2}+\dfrac{1}{1\times 2}-\dfrac{1}{2\times 3}+\dfrac{1}{1\times 2\times 3}-\dfrac{1}{2\times 3\times 4}+\cdots-\dfrac{1}{2\times 3\times 4\times\cdots\times 9\times 10}$

$=\dfrac{1}{1}-\dfrac{1}{2\times 3\times 4\times\cdots\times 9\times 10}=\dfrac{1\times 2\times 3\times 4\times\cdots\times 9\times 10-1}{1\times 2\times 3\times 4\times\cdots\times 9\times 10}=\dfrac{\mathbf{3628799}}{\mathbf{3628800}}$

$\dfrac{n-1}{1\times 2\times 3\times\cdots\times(n-1)\times n}=\dfrac{n}{1\times 2\times 3\times\cdots\times(n-1)\times n}-\dfrac{1}{1\times 2\times 3\times 4\times\cdots\times(n-1)\times n}$

$=\dfrac{1}{1\times 2\times 3\times\cdots\times(n-1)}-\dfrac{1}{1\times 2\times 3\times 4\times\cdots\times(n-1)\times n}$

$=\dfrac{1}{1\times 2\times 3\times\cdots\times(n-1)}-\dfrac{1}{2\times 3\times 4\times\cdots\times(n-1)\times n}$

これより，$\dfrac{1}{1\times 2}=\dfrac{1}{1}-\dfrac{1}{1\times 2}$, $\dfrac{2}{1\times 2\times 3}=\dfrac{1}{1\times 2}-\dfrac{1}{2\times 3}$,

$\dfrac{3}{1\times 2\times 3\times 4}=\dfrac{1}{1\times 2\times 3}-\dfrac{1}{2\times 3\times 4}$, … ということ．

❖ 数列を見抜く

3-1-1 図形をつくる数 その1

[例1]

1番目　2番目　3番目　4番目　…

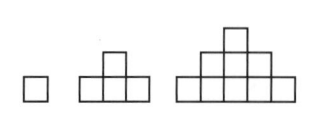

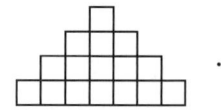

10番目の図形は□が[　]個.

解説

番目	1	2	3	4	…	10
	1	4	9	16	…	?
	1^2	2^2	3^2	4^2	…	10^2

$?=10^2=$**100** とわかる

[例2]

1番目　2番目　3番目　4番目　…

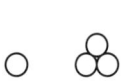

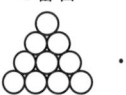

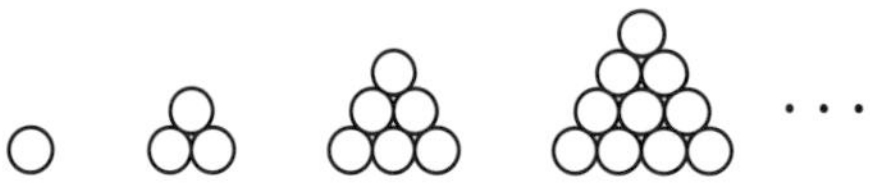

10番目の図形は○が[　]個.

解説その1

1番目　2　3　4　5　6　…

1　3　6　10　15

差　2　3　4　5

と順に並べて…，**55** とわかる

◀ 1, 3, 6, 10, 15, …と続く数を＜三角数＞という．

解説その2

1番目	1
2	1+2
3	1+2+3
4	1+2+3+4
⋮	⋮
10	$1+2+3+4+\cdots+10=(1+10)\times 10 \times \dfrac{1}{2}=$**55**

[例3]

1番目　2番目　3番目　…

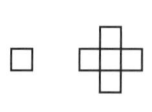

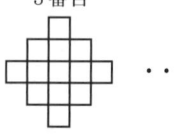

10番目の図形は□が[　]個.

☞ □の個数を順に数えて，1，5，13，25，…（さて？）

◀ 1　5　13　25　…
　　4　8　12
　　　4　4

ということ？

解説

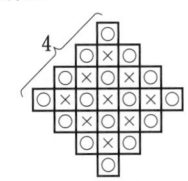

4番目の図を例にとると，
〇が 4×4＝16
×が 3×3＝ 9
計 25
（となっている）

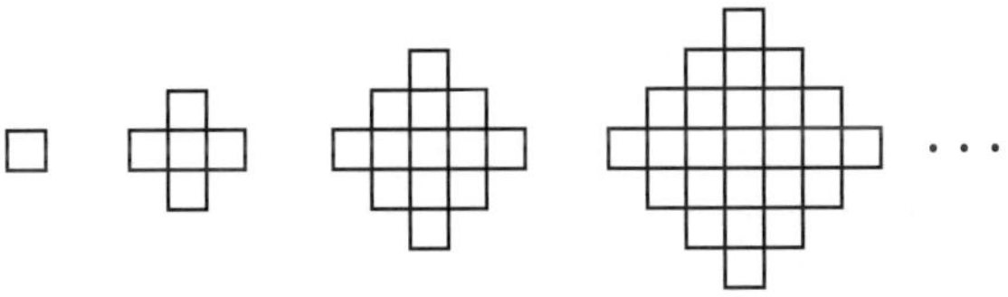

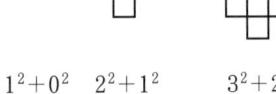

☐ ☐ ☐ ☐ ☐ ･･･

1^2+0^2　2^2+1^2　3^2+2^2　4^2+3^2

← n 番目の図形には☐が…，
$n^2+(n-1)^2$ 個ある
ということになる．

10 番目は $10^2+9^2=$ **181**

3-1-2　数がつくる三角形

[例 1]

```
1段              1
2             3   5
3           7  9  11
4         13 15 17 19
5       21 23 25 27 29
                ⋮
```

10 段目に並ぶ数の合計は ☐．

解説

	1段	2	3	4	5	…	10
和	1	8	27	64	125	…	1000
	‖	‖	‖	‖	‖		‖
	1^3	2^3	3^3	4^3	5^3	…	**10^3**

←　　各段の中央　各段の和
1段　　1　　　　$1×1$
2　　　(2^2)　　$2^2×2$
3　　　3^2　　　$3^2×3$
4　　　(4^2)　　$4^2×4$
5　　　5^2　　　$5^2×5$
⋮　　　⋮　　　　⋮
となっている．

[例 2]

```
1段           1
2           2   3
3         6   5   4
4        7  8  9  10
5      15 14 13 12 11
6     16 17 …
```

11 段目の左から 2 番目の数は ☐．

解説

```
1段    1       = 1×1
3      6       = 3×2
5      15      = 5×3
7      28      = 7×4
⋮      ⋮
11             =11×6 … 11段目の左端の数
       ∴ 66-1=65
```

← n（奇数）段の左端の数は…．
1段　$1×1$
3　　$3×2$
5　　$5×3$
7　　$7×4$
⋮　　⋮
n　$n×\{(n+1)÷2\}$
となっている．

103

[例3]

```
1段           1
2          1   1
3        1   2   1
4      1   3   3   1
5    1   4   6   4   1
6  1   5  10  10   5   1
⋮              ⋮
```

10段までのすべての数の和は □ .

◂中国など世界各国で古くから知られていたもので，欧米では，「パスカルの三角形」と呼ばれている．パスカル（☞p.112），「人間は考える葦である」という有名な言葉を残した17世紀フランスの数学者（哲学者，科学者，宗教思想家，文学者でもある）．

解説 方法^1：各段ごとに計算
　　　　方法^2：各段までの和（累積）を計算

```
              方法1         方法2
1段     1       1=1          1=
2     1   1     2=2¹         3=2²−1
3   1  2  1    4=2²          7=2³−1
4  1  3  3  1   8=2³         15=2⁴−1
5 1 4 6 4 1    16=2⁴         31=2⁵−1
⋮      ⋮        ⋮              ⋮
10              +  =2⁹      イ =2¹⁰−1
                   イ
```

∴ **イ = 1023**

◂方法^{1}は，等比数列の和を求める計算を使うか，単純に加えて求めることが必要となるが，方法^{2}は，

n段の総和$=2^n-1$

と求めることができる．20段であれば，$2^{20}-1$より
$1024×1024−1$と計算．

☞実は——知っている人も多分いる…——．
　パスカルの三角形は…

```
2段     1    1              ₁C₀  ₁C₁
3     1  2  1             ₂C₀  ₂C₁  ₂C₂
4    1  3  3  1         ₃C₀  ₃C₁  ₃C₂  ₃C₃
5   1  4  6  4  1      ₄C₀  ₄C₁  ₄C₂  ₄C₃  ₄C₄
6  1  5 10 10  5  1   ₅C₀  ₅C₁  ₅C₂  ₅C₃  ₅C₄  ₅C₅
⋮          ⋮                    ⋮
```

となっている．

◂遠まわりしないで行く道順の数（p.68の **1-1**-2）の，
　{ 書き込みで調べる
　　組み合わせの計算をする
2つの方法に対応．

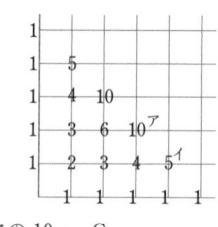

```
1
1  5
1  4  10
1  3  6  10 ア
1  2  3  4  5 イ
1  1  1  1  1
```

アの 10 ← ₅C₂
イの 5 ← ₅C₁ のように．

3-1-₃ 数表

[例1] 右の表で，上から3行目，左から2列目の数は9である．これを，$(3, 2)=9$と表すとすれば，$(x, y)=109$となるx, yを求めよ．

1	2	6	7	…
3	5	8	14	…
4	9	13	18	…
10	12	19	25	…
…	…	…	…	

◂数の列が3通りある.

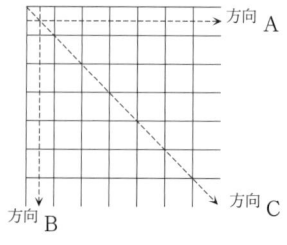

方向A（横へ）/ 方向B（たてへ）/ 方向C（斜めへ）

▸方向A … 1行目＝横へ
▸方向B … 1列目＝たてへ
▸方向C … 45°方向＝斜めへ

解説 1から右下方向に 1, 5, 13, 25, …と数が並ぶ．

　　　1番目　　2番目　　3番目　　4番目　…
$1=1^2+0^2$　$5=2^2+1^2$　$13=3^2+2^2$　$25=4^2+3^2$　…

104

解説 n 番目の数は $n^2+(n-1)^2$

これより，上から109に近い数は，

(8, 8)	113
(9, 7)	112
(10, 6)	111
(11, 5)	110
(12, 4)	109

$(8, 8)=8^2+7^2=113$，
よって，$109=(12, 4)$
∴ $x=12, y=4$

← 数列の特徴をつかむのにどの方向がよいか，という判断がポイントとなる．

☞ 行と列の区別は…，
「行」はつくりの中に＜行＞
…横方向の平行線
「列」はつくりの中に＜列＞
…たて方向の平行線
と覚える．

[例2] 右の表で，3列目，2行目の数は8で，これを $8=(3, 2)$ と表す．このとき，$55=(x, y)$ のときの x, y を求めよ．

1	4	9	16	…
2	3	8	15	…
5	6	7	14	…
10	11	12	13	…
…	…	…	…	

解説 1から右下方向に 1, 3, 7, 13, 21, … と数が並ぶ．

1番目	$1=1$	$1=1\times 0+1$	$1=1^2-0$
2番目	$3=1+2$	$3=2\times 1+1$	$3=2^2-1$
3番目	$7=1+2+4$	$7=3\times 2+1$	$7=3^2-2$
4番目	$13=1+2+4+6$	$13=4\times 3+1$	$13=4^2-3$
	⋮	⋮	⋮

右段の性質を使って n 番目の数を表すと，
$n^2-(n-1)$

つまり，n 番目の数は，n^2-n+1 となり，55に近い数は $n=8$ のときの，$8^2-8+1=57$ なので，$(8, 8)=57$，よって，$55=(6, 8)$ より，$x=6, y=8$

← 1行目
→ $1^2, 2^2, 3^2, 4^2, 5^2, …$
1列目
→ $0^2+1, 1^2+1, 2^2+1, …$
を利用することも，可能．

← 1, 3, 7, 13, 21, … という数列を追いかけるとき，差をとってみるのは一つの方法だが，大きい数へいきなり近づくためには，「2」番目の数は「2」を使って表し，「3」番目の数を「3」を使って表し…，という発想を大事にすべきである．
中央の性質を使って n 番目の数を表すと，$n\times (n-1)+1$.

数列（規則性）発見用のアンテナ

[I] 各項を見比べて…
　① 差をとる　　（例）　1, 2, 4, 8, 15, 26, …
　② 和をとる　　（例）　1, 1, 1, 3, 5, 9, 17, …
　③ 比をとる　　（例）　1, 3, 9, 27, 81, 243, …

[II] 各項を個々に見て…
　① 積をためす　（例）　2, 12, 30, 56, 90, …
　② 累乗をためす（例）　1, 8, 27, 64, 125, …
　　　　　　　　（例）　1, 5, 13, 25, 41, …

[III] 各項でなくグループで見て…
　（例）　3, 2, 1, 4, 3, 2, 5, 4, 3, 6, 5, …
　（例）　$\dfrac{1}{2}, \dfrac{1}{3}, \dfrac{2}{3}, \dfrac{1}{4}, \dfrac{2}{4}, \dfrac{3}{4}, \dfrac{1}{5}, \dfrac{2}{5}, \dfrac{3}{5}, \dfrac{4}{5}, \dfrac{1}{6},$ …

☞ 数が急に大きくなっているときは，「＜差＞ではない！＜比＞か＜累乗＞か？」と勘を働かせること．

3-2-1 増える図形①

[例1] 右の図は，一辺の長さが1, 2, 3, …と順次増えていくような正六角形の周上と内部とに，一辺の長さ1の正三角形がすきまなくできるように●を並べたものである．

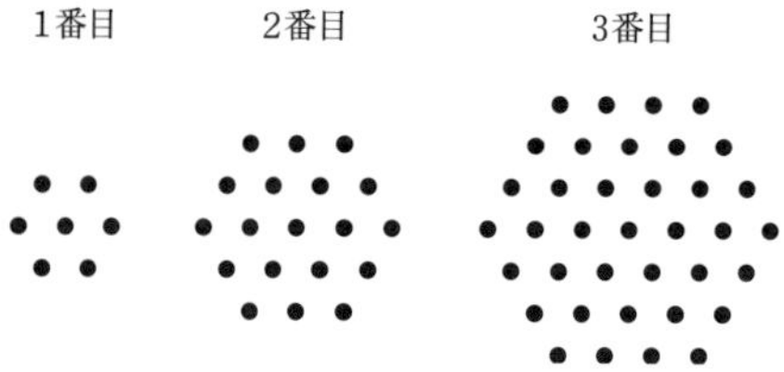

1番目　　2番目　　3番目

（1） 6番目の図形には□個の●がある．

（2） ●の個数が初めて1000個を超えるのは□番目の図形である．

解説 1辺に4個●が並んでいる3番目の図形は，右のような構造になっている．

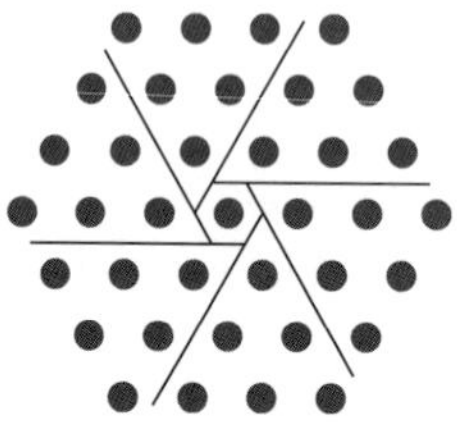

$1+(1+2+3)\times 6$
$=1+(1+3)\times 3\times \dfrac{1}{2}\times 6$
$=1+4\times 3\times 3$

同様にして，

1番目　…　$1+2\times 1\times 3$
2番目　…　$1+3\times 2\times 3$
3番目　…　$1+4\times 3\times 3$
4番目　…　$1+5\times 4\times 3$
　　⋮
n番目　…　$1+(n+1)\times n\times 3$

◀有心六角形という．
1番目…$1+1\times 6$
2番目…$1+(1+2)\times 6$
3番目…$1+(1+2+3)\times 6$
⋮
n番目…$1+\begin{pmatrix}n\text{番目の}\\ \text{三角数}\end{pmatrix}\times 6$
となっている．

（1） $1+(6+1)\times 6\times 3=\mathbf{127}$（個）

（2） $1+(n+1)\times n\times 3>1000$　より，$n=\mathbf{18}$（番目）
　　　（$n=17$のとき，左辺$=919$, $n=18$のとき，左辺$=1027$）

3-2-2 5角数・6角数

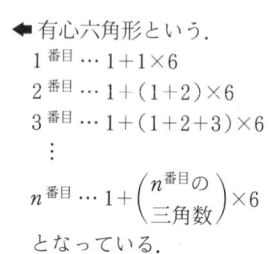

[例1] 碁石を1個から始めて正五角形状に図のように並べていき，碁石の個数をA_nで表すと，$A_2=5$, $A_3=12$, …となる．

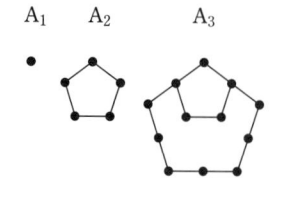

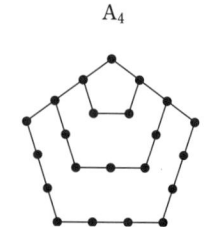

このとき，$A_{10}=$□個であり，A_nをnの式で表すと，□となる．

A_1　A_2　A_3　　A_4　　…

106

[例2] 碁石を1個から始めて正六角形状に図のように並べていき，碁石の個数をB_nで表すとき，$B_2=6$, $B_3=15$, … となる． 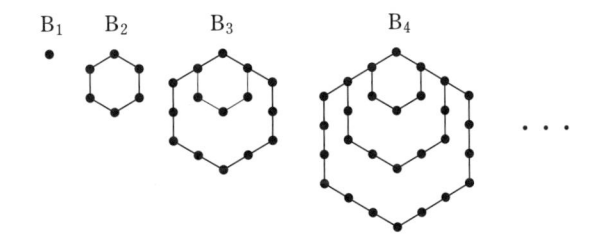
このとき，$B_{10}=\boxed{}$個であり，B_nをnの式で表すと，$\boxed{}$となる．

解説

[例1]

$A_1=1$
$A_2=1+2\times 2$
$A_3=1+2+3\times 3$
$A_4=1+2+3+4\times 4$
⋮

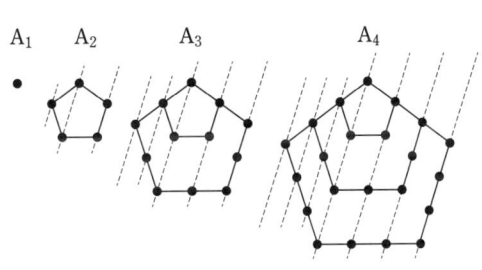

$A_{10}=1+2+3+\cdots+8+9+10\times 10=(1+9)\times 9\times \dfrac{1}{2}+10^2=\mathbf{145}$

$A_n=1+2+3+\cdots+(n-1)+n\times n=n\times(n-1)\times\dfrac{1}{2}+n^2=\dfrac{3}{2}n^2-\dfrac{1}{2}n$

[例2]

$B_1=1$
$B_2=2\times 3=2\times(2\times 2-1)$
$B_3=3\times 5=3\times(3\times 2-1)$
$B_4=4\times 7=4\times(4\times 2-1)$ 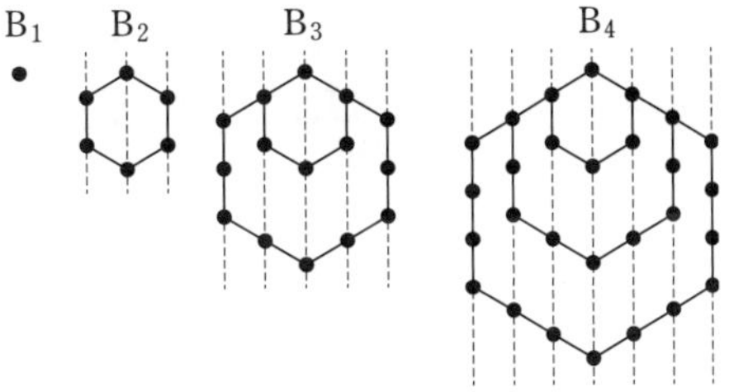
⋮
$B_{10}=10\times(10\times 2-1)=\mathbf{190}$
$B_n=n(n\times 2-1)=\mathbf{2n^2-n}$

☞ 3角数・4角数・5角数・6角数の関係は，次のようになっている．

3角数	1	3	6	10	15	21	…
第1階差		2	3	4	5	6	…
第2階差			1	1	1	1	…

4角数	1	4	9	16	25	36	…
第1階差		3	5	7	9	11	…
第2階差			2	2	2	2	…

5角数	1	5	12	22	35	51	…
第1階差		4	7	10	13	16	…
第2階差			3	3	3	3	…

6角数	1	6	15	28	45	66	…
第1階差		5	9	13	17	21	…
第2階差			4	4	4	4	…

4-1 増える図形② 数列を含んだ図形

[例1] 一辺の長さが1の網目の正三角形(右図0)の各辺の中点を結んでできる正三角形を下図のように順々に取り除いていくとき，5回目の操作後の図形の網目の部分の面積の和は □ である．

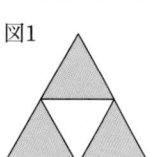

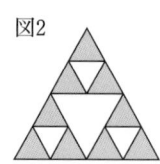

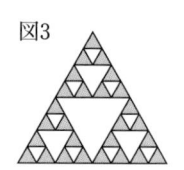

図0

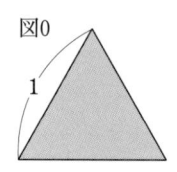

図1　　図2　　図3　　……
(1回目の操作後)　(2回目の操作後)　(3回目の操作後)

◀自分の中に自分と同じ図形がある「自己相似形」で，フラクタル図形と呼ばれる図形の1つ．シェルピンスキーのギャスケットと呼ばれる図形．
シェルピンスキー(1882-1969)はポーランドの数学者．

解説 初めの正三角形の面積を S とすると，

1回目の操作後の面積は，$S \times \dfrac{3}{4}$ ……………①

2回目の操作後の面積は，$① \times \dfrac{3}{4} = S \times \left(\dfrac{3}{4}\right)^2$ ……②

3回目の操作後の面積は，$② \times \dfrac{3}{4} = S \times \left(\dfrac{3}{4}\right)^3$

⋮

5回目の操作後の面積は，

$$S \times \left(\dfrac{3}{4}\right)^5 = 1 \times \dfrac{\sqrt{3}}{2} \times \dfrac{1}{2} \times \dfrac{243}{1024}$$

$$= \dfrac{243\sqrt{3}}{4096}$$

[例2] 一辺の長さが1の正三角形(図①)があり，各辺を3等分してそれぞれの辺の中央に一辺の長さが3分の1である正三角形をはりつける操作をする(図②)．

この操作をくり返してできた図形が図③，図④，… であるとき，

(1) 図⑤の周の長さは □ である．

(2) 図⑤の面積は □ である．

図①　図②

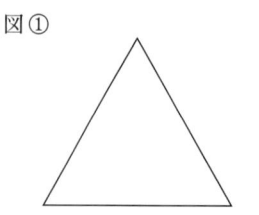

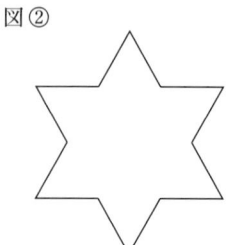

図③　図④

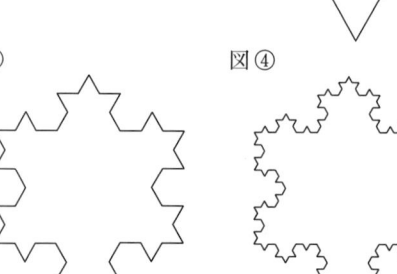

◀コッホの雪片と呼ばれる図形．
コッホ(1870-1924)は，スウェーデンの数学者．

108

解説（1） 図①の一辺は，この操作によって長さが $\frac{4}{3}$ 倍になり，周も $\frac{4}{3}$ 倍になっている．

図②の周＝図①の周$\times \frac{4}{3}$

図③の周＝図①の周$\times \frac{4}{3} \times \frac{4}{3}$

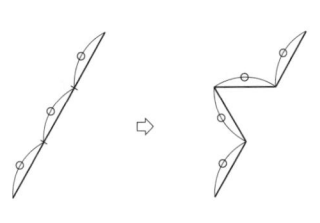

⋮

図⑤の周＝図①の周$\times \frac{4}{3} \times \frac{4}{3} \times \frac{4}{3} \times \frac{4}{3} = 3 \times \left(\frac{4}{3}\right)^4 = \boldsymbol{\frac{256}{27}}$

（2） 図①の面積を1とすると，図②は，相似比 $\frac{1}{3}$，面積比 $\left(\frac{1}{3}\right)^2$ の正三角形が一辺で1個加わるので，

図②の面積…$1 + \left(\frac{1}{3}\right)^2 \times 1 \times 3$

図③の面積は，相似比 $\left(\frac{1}{3}\right)^2$，面積比 $\left(\frac{1}{3}\right)^4$ の正三角形が一辺で4個加わるので，

図③の面積…$1 + \left(\frac{1}{3}\right)^2 \times 1 \times 3 + \left(\frac{1}{3}\right)^4 \times 4 \times 3$，

同様に，図④の面積…$1 + \left(\frac{1}{3}\right)^2 \times 1 \times 3 + \left(\frac{1}{3}\right)^4 \times 4 \times 3 + \left(\frac{1}{3}\right)^6 \times 4^2 \times 3$

以上より，図⑤の面積…$1 + \frac{1}{3} \times \left\{1 + \left(\frac{4}{9}\right)^1 + \left(\frac{4}{9}\right)^2 + \left(\frac{4}{9}\right)^3\right\}$

$= 1 + \frac{1}{3} \times \frac{729 + 324 + 144 + 64}{729} = \frac{3448}{2187}$

よって，図⑤の面積＝$1 \times \frac{\sqrt{3}}{2} \times \frac{1}{2} \times \frac{3448}{2187} = \boldsymbol{\frac{862\sqrt{3}}{2187}}$

▫同じ操作を続けると，図⑤(図④の次)は右の図(一部のみ図示)のようになる．

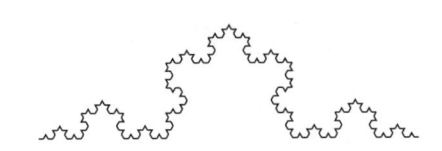

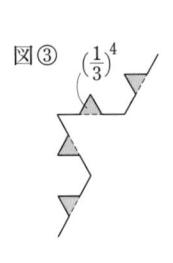

□ コラム⑤

数学という科目：経験が難易度を変えていく

　小中学生が同時期の大学入試問題を実際に解くというのは，普通は無理である．もちろん，世の中には普通でない小中学生もいて，中学生が大学入試問題を解くのは，そう珍しいことではない．小学生の場合は，中学受験があるので，小学校低学年から学んでいる数学を一旦中断するケースが多い．普通の小中学生は，難解な受験算数をマスターするのに四苦八苦している．

　そういう普通の小学生に，教室（小6のクラス）で大学入試問題を解かせる．

　　私　：今から大学入試問題をやる．
　　生徒：えーっ，大学入試？
　　私　：そうだ，東大の問題だ．
　　生徒：東大なんて，できっこないよ．
　　私　：そんなことはない，キミたちが普段解いている問題と同じだ．

　例えば，次の問題（解答は p.117）．

問題1　右図で，AH＝BH＝CK＝1cm，HK＝2cm のとき，三角形 ABC を直線 l を軸として回転させてできる立体の体積を求めよ．ただし，円周率は3.14とし，分数で答えよ．　（1956　東大・改）

☞内容は変更してない．原題は，次のとおり．
　座標(1, 0)，(0, 3)，(−1, 2)をもつ3点を頂点とする三角形を，y 軸のまわりに回転して生ずる立体の体積を求めよ．　　　　　　　　（1956　東大）

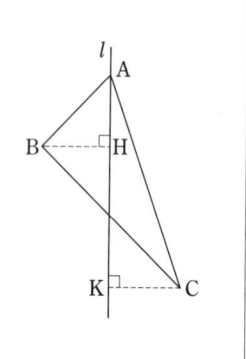

　この問題は，中学入試問題とすれば，中の上ぐらいの難易度で，遠回りな計算をしてまちがえる6年生もいるが，難関中学受験予定の3人に1人ぐらいが，10分ほどで正解を出す．

　　私　：どう，難しくないだろう．
　　生徒：これって，ホントに東大の問題？
　　私　：そうだよ．
　　生徒：じゃあ，東大に入るの，簡単だったの？
　　私　：そんなことはないさ．
　　生徒：でも，これじゃあ，みんなできちゃうじゃない．

　生徒たちには，納得できないでいる．

高校受験をひかえている中3生には，例えば次の問題（解答は p.119）．

> **問題2** 箱の中に1から9までの数字を一つずつ書いた9枚のカードがある．それらをよく混ぜて，その中から4枚のカードを続けて取り出し，取り出した順に左から並べて4けたの数をつくる．この数が1966より小さくなる確率を求めよ． （1966 東大）

現代の国立大学入試は，「大学入試センター試験」という各大学共通の1次試験と，大学ごとに実施する2次試験からなっているが，この1次試験は，当初「共通1次」と呼ばれていた．

1966年当時は，1次試験も大学ごとに実施され，1次試験合格者が2次試験を受験するという制度だった．上の問題は，軽めの1次試験と重めの2次試験という構成のその2次試験（理系）の問題．

中学生からも，小学生同様の感想を聞かされる．
- これって，本当に東大の問題っすか．　←そうだ（私）．
- 先生，昔はみんな馬鹿だったんですか．　←キミたちのお父さんに対して失礼だぞ（私）．
- あーぁ，この頃生まれてくればなぁ．　←その頃生まれてきたキミは解けない！（私）．

生徒たちは，納得しない．

これは，何を意味するのか．

中学生諸君が20年前，30年前の難関高校入試問題を見れば，その平易さに驚き，「何これ，簡単じゃん」とか「カスじゃん」と口にする．当時の問題は，当時の中学生にとっては平易ではなく，難関高校をめざして勉強している受験生にとっては，やはり難しかったのである．

そこで出題されていた問題は，5年後には「解いたことがある応用問題」となり，10年後には「解けないと困る標準問題」となる．これをくり返して，目新しい難問が次の世代の受験生にとって平易な問題になっていく．経験が難易度を変えていく．受験数学とは，そういう科目である．これは，昔と今の関係だけでなく，受験生諸君の内部でも日常的に起こることなのである．

初めて経験する応用問題は，解くのに30分かかるかもしれない．

初めて格闘する難問は，1時間かけても解けないかもしれない．

しかし，それらの問題を解くための発想や着眼のポイントを学ぶことによって，応用問題は，解けてあたりまえの問題となり，初めて出くわした難問は難攻不落の難問ではなくなる．そして，そこで学んだ事柄は，類似問題や発展的問題をも解決する道具となる．

正解にいたるまでのポイントの数々を，受験生は理解し解き直すことによって，自分自身の解法の道具箱に収納していく．そして応用問題，発展問題に出あうたびに，そして難問と格闘するたびに，解法の道具箱の装備が充実していく．才能豊かな人間だけがそうするのではない．

そもそも，受験生が日常的に使う公式，図形の定理，式変形の基本操作などは，受験生が自力で発見したものではなく，学んだものである．受験生の思考力が導いたものではなく，センスが発見したものでもない．大数学者の名前がついている有名な定理も，学ぶ前はその入口でさえ思いもかけない未知の世界なのに，知ってしまえば，いつも使う便利な道具になる．また，正負の数，連立方程式などの計算の手順や，三角形の合同条件や，円の性質なども，学ぶ前は非常識で，学んだ後は常識となる．

公式・定理，式計算の手順，図形の性質，着眼のポイント，発想法などを全部まとめて「解法の道具（ツール）」と呼ぶことにすれば，「解法の道具（ツール）」は才能やセンスが獲得するものではない．学ぶことで，理解し身につけるものである．

普通の受験生が，目標に向かって努力を重ね経験を積むことによって，自分の力を高めていく．受験数学とは，そういう科目なのである．

コラム⑥

人間は考える○○である

小4生の算数の授業の中で、黒板に右の数表（数の三角形）を書き始めると、複数の生徒が「あっ、パスカルの三角形だ」と口にする。

```
        1
       1 1
      1 2 1
     1 3 3 1
    1 4 6 4 1
        ⋮
```

「先生，それって，もっと前から知られていたんでしょ」と言う生徒も時に現れる．
　　☞中国も含め、世界各地の文献に登場するということを知っている小学生もいる、ということ．

この数表がもつ様々な性質に関する授業を終える間際に，小4生には少々無茶な問いであることは分かっているが，「ところで，『人間は考える○○である』というパスカルの有名な言葉があるが，知っている人はいる？」と尋ねることにしている．3年に1回ぐらいの確率で，即座に正解を口にする小4生に出くわす．驚きである．普通は，もちろん知らないので，自由に発言させると，「動物」という答えが最も多い．「うーん，何だったっけ，思い出せない」と発言する生徒が時に出現するので，「それでは」と言って「○○は，漢字で1文字（ひらがなでは2文字）」というヒントにもならないヒントを示す．

すると、たいてい「猿」という声があがるので，「○○は動物ではない，植物なのだ」と言うと，「ええっ，植物なの？」と多くの生徒が反応する中で、思い出せないと口にした生徒が「あっ，思い出した，葦（あし）でしょ」と言い当てる．歩く百科事典＋算数博士みたいなその生徒にまわりの生徒の視線が集まる．
　　☞葦．水湿地に群生するイネ科の多年草．別名ヨシ．関東では「アシ」，関西では「ヨシ」が普通で，標準日本語名は「ヨシ」．アシは「悪し」と発音が同じであるため，その反対の意味の「良し」に言いかえられたと言われる．世界の各地に，葦でつくられた家や葦船が現存する．古代人が葦舟で太平洋を航海したとも伝えられている．

そう、「人間は考える葦（あし）である」という有名なフレーズが，パスカルの『パンセ』（1670年）の中にある．彼の生前のメモや原稿が死後に整理されて出版されたものである．

Blaise Pascal
（1623〜1662）

数の三角形がつくる性質を論じた『数三角形論』も印刷は1654年だったが，死の直後の1665年にパリで出版された．

天才数学者は、時に、歴史を変えることになる偉大な業績が同時代人に理解されず、不遇のうちに生涯を閉じ、死後何年も経ってから業績が評価されるという悲劇に見舞われる．パスカルはそうではなかった．

幼少の頃から天才ぶりを発揮していたパスカルは，16歳の若さで『円錐（曲線試論）』（1639年）を出版し，射影幾何学におけるパスカルの

定理を明らかにするなど，数学者としてまず歴史にその名を残すことになる．

　1654年におけるフランスの数学者フェルマー（あの「フェルマーの大定理」のフェルマー）との往復書簡の中で数学の新分野である確率論を展開し，諸君が高校数学で学ぶことになる数学的帰納法という画期的な方法論を発見する．また『数三角形論』の中で，これまた高校数学の重要項目である「二項定理」を論じている．さらに流体力学における「パスカルの原理」を提唱するなど，パスカルの活躍は，自然科学分野へ，さらには哲学，宗教思想，文学へと広がっていく．

　▫台風情報でよく耳にする「ヘクトパスカル」は，圧力・応力に関する国際単位で，「ヘクト」は，「ヘクタール」＝「ヘクト」＋「アール」のヘクトと同じで，100を意味し，パスカルは，「パスカルの原理」にちなんで用いられた名称．

　パスカルが16歳で神童ぶりを発揮したその2年前の1637年には，哲学者・数学者デカルトが『方法序説』を発表．

　▫座標幾何学の創始者．「我思う，ゆえに我あり」，「困難（難問）は分割せよ」などの言葉で有名．

René Descartes
（1596〜1650）

　さらにその3年後の1642年に，次の世代に属することになるが，あのニュートンが誕生する．

　▫自然科学の歴史における最大の事件ともいえる『自然哲学の数学的原理（通称プリンキピア）』（1687年）は，ニュートンが44歳のときに出版された．

Sir Isaac Newton
（1642〜1727）

　パスカルの生まれた年，日本では徳川家光が第3代将軍職に就く．その12年後に発布された武家諸法度などによって将軍と諸大名の主従関係が確立していく中で，徳川家による長期政権が築かれていった時代である．

　パスカルが生きた時代に，日本の数学者関孝和が孤独の中に西欧の数学に肉薄する研究を続けていた．

　▫ニュートンと関孝和はなんと同じ年生まれ．

関孝和
（1642〜1708）

　限られた文献と将軍家の確執の時代に1人数学に打ち込む関孝和．

　次々に大数学者を生み出した西欧の17〜18世紀の輝かしい時代の中に彼が生まれ，知の巨人たちを見て育ち，彼らとの交流の中で研究を続けていたら…．日本の数学が世界の数学史の大きな流れの中に位置づけられることになったかもしれない，と夢が膨らむ．

　この時期，パスカルとフェルマーは往復書簡で確率を論じ合い，メルセンヌと親交を結んだデカルトはメルセンヌを介してフェルマーを知り…と，17世紀に出現する才能が互いに交差し，大きな潮流となって自然科学の歴史を築き上げていく．

Pierre de Fermat
（1601〜1665）

　なぜ，「考える葦」なのか．

　パスカルの「考える葦」は，『パンセ』（随想録）の次のような文脈の中に登場する．

人間はひとくきの葦にすぎない．自然のなかで最も弱いものである．だが，それは考える葦である．

　諸君は，パスカルも含めた17〜18世紀の天才数学者たちの業績の一端を，高校数学で学ぶことになる．

索引

関数編（p.8〜57）

い
- 1次関数 …………………………………… p.12
- 1次関数の定義域と値域 ………………… p.22
- 1対1対応 ………………………………… p.8
- 一定(変化の割合)である ………………… p.12
- 一定でない ……………………………… p.20
- いろいろなグラフ ………………… p.42〜45

え
- $f(x)$ ………………………………… p.38〜41
- x 座標 …………………………………… p.10
- x 座標・y 座標の求め方 ……………… p.23
- x 軸 ……………………………………… p.10
- x 軸に関して対称な点 ………………… p.28
- x 軸に平行な直線 ……………………… p.15
- x 切片 …………………………………… p.14
- x 切片・y 切片から …………………… p.18
- 円の中心の座標 ………………………… p.46
- 円の接線の式 …………………………… p.48

お
- オイラー ………………………………… p.38

か
- 外心の座標 ……………………………… p.48
- 階段状グラフ …………………………… p.44
- 解が一つ ………………………………… p.27
- 解と係数の関係 ………………………… p.25
- 外部の1点を通る直線で二等分
  　　　　　　　　　　　　 …………… p.36〜37
- ガウス記号$[x]$ ………………………… p.45
- ガウス記号とグラフ …………………… p.45
- 角の二等分線の交点 …………………… p.47
- 傾き ……………………………………… p.13
- 傾き・1点の座標から ………………… p.19
- ＜傾き＞がつくる直角三角形 ………… p.30
- 傾きが等しい …………………………… p.16
- 傾きの積が−1 ………………………… p.17
- 関数 ……………………………………… p.8
- ＜関数的表現＞ ………………………… p.40

け
- 原点 ……………………………………… p.10
- 原点に関して対称な点 ………………… p.28

こ
- 交点の座標 …………………… p.16, p.23
- 五角形の面積を二等分する直線 ……… p.36

さ
- 座標 ……………………………………… p.10
- 座標平面 ………………………………… p.10
- 座標平面上の円 ………… p.46〜49, p.54〜57
- 座標平面上の2点間の距離 …………… p.53
- 座標平面に置く ………………… p.52〜53
- 三角形の面積 …………………… p.32〜33
- 三角形の面積を二等分する直線の式
  　　　　　　　　　　　　 …………… p.33〜35

し
- 軸 ………………………………………… p.21
- 四角形の面積を二等分する直線の式
  　　　　　　　　　　　　 …………… p.35〜36

す
- 垂線の長さ ……………………………… p.30
- 垂直二等分線の交点 …………………… p.46
- 図形を座標平面に置くとき …………… p.52
- 図形の証明問題を座標平面に置く …… p.53

せ
- 接線の式 ………………………………… p.48
- 絶対値記号に関するグラフ …………… p.43
- 漸化式 …………………………………… p.40
- 線対称な点の座標 ……………… p.28〜29
- 線分の比 ………………………………… p.11
- 線分を分ける点の座標 ………………… p.11

そ
- 双曲線 …………………………………… p.42

た
- 第1象限 ………………………………… p.10
- 第2象限 ………………………………… p.10
- 第3象限 ………………………………… p.10
- 第4象限 ………………………………… p.10
- 台形の中心の座標 ……………………… p.37
- 台形の面積を二等分する直線 ………… p.37
- 対称な軸 ………………………………… p.21
- 対称な点の座標 ………………………… p.28
- ただ1つの解をもつ …………………… p.56

114

索引

ち 値域 ·············· p.9, p.22
中心の座標 ············· p.46
中点の座標 ············· p.11
頂点 ··················· p.21
頂点を通る直線で二等分 ······ p.33, p.35〜36
直交条件 ·········· p.17, p.27, p.29〜30
直線と放物線の交点の座標 ··········· p.23
直線の傾き ············ p.13, p.25
直線の式 $\dfrac{x}{p}+\dfrac{y}{q}=1$ ············· p.18
直線の式 $y=a(x-p)+q$ ············· p.19
直線の式 $y=\dfrac{y_1-y_2}{x_1-x_2}(x-x_1)+y_1$ ······· p.19
直線の回転移動 ············· p.31
直線の式を求める ········· p.14, p.18
直線の対称移動 ············· p.31
直線 $y=x$ に関して対称な点 ········ p.28

て 定義域 ············ p.9, p.22
定数 ·············· p.9, p.20
点Rが描く図形の方程式 ········· p.51
点対称な図形（の面積の二等分） ······ p.36

と 道具としての座標 ············· p.50〜53

な 内心の座標 ············· p.47

に 2円の共通接線の式 ············· p.49
2次関数の基本形 ············· p.20
2次関数の決定 ············· p.23
2次関数の性質 ············· p.20
2次関数の定義域と値域 ············· p.22
2次関数の変化の割合 ············· p.20
2直線が垂直（直交） ············· p.17
2直線が平行 ············· p.16
2直線の関係 ············· p.16
2点の座標から ············· p.19

は 媒介変数 ············· p.50〜51
反比例のグラフ $y=\dfrac{a}{x}$ ············· p.42
反比例を表す式 ············· p.9

ひ 比例定数 ············· p.9
比例を表す式 ············· p.9

ふ フィボナッチ ············· p.40
フィボナッチ数列 ············· p.40

へ 平行四辺形の面積を二等分する直線の式
 ············· p.36
平行と垂直（直交） ············· p.16
変域 ············· p.9
変化の割合 ············· p.12〜13, p.20
変化の割合 $a(p+q)$ ············· p.20
辺上の点を通る直線で二等分 ······ p.34, p.36
変数 ············· p.9, p.50
変数 x, y を関係づける文字 ············· p.50
辺に平行な直線で二等分 ············· p.35

ほ 放物線 ············· p.21
放物線と軸の交点 ············· p.21
放物線と接する円 ············· p.56
放物線に接する直線 ············· p.27
放物線と直線の関係 ············· p.24
放物線と直交する直線 ············· p.27
放物線と交わる円 ············· p.54〜55

み 右上がり ············· p.13
右下がり ············· p.13

め 面積を二等分する直線の式 ············· p.33〜37

も 文字で表す長さ・面積 ············· p.17〜18

ら ライプニッツ ············· p.38

わ $y=ax^2$ のグラフ ············· p.21
$y=ax^2$ のグラフの特徴 ············· p.21
$y=ax^2$ の決定 ············· p.23
y 座標 ············· p.10
y 軸 ············· p.10
y 軸に関して対称な点 ············· p.28
y 軸に平行な直線 ············· p.15
y 軸に平行な直線で二等分 ············· p.35
y 切片 ············· p.14

索引

確率編（p.60〜92）

い	色のついた球	p.82
え	Aが必ず起こる(確率)	p.76
	Aが決して起こらない(確率)	p.76
	AAABBの並べかえ	p.68〜69
	Aの起こる確率	p.76
	鋭角三角形の個数	p.71
	円順列	p.65
	nの階乗($n!$)	p.63
	$_nP_r$を$_rP_r$で割る意味	p.64
お	同じ誕生日の人がいる確率	p.90
か	カード	p.82
	解をもつ	p.85
	解が定まらない	p.85〜86
	解がない	p.85〜86
	階乗	p.63
	書き込み	p.61
	角すいの道順	p.73
	かく乱順列	p.88〜89
	確率 とは	p.76
	確率の計算	p.80
	数え上げる方法の選択	p.66〜67
	完全順列	p.88
く	くじ	p.79〜81
	くじを引く順番	p.81
	組合せ	p.64〜65
こ	硬貨	p.79
	異なる2つの整数解をもつ	p.85
	困難は分割せよ	p.75
さ	サイコロ	p.61, p.78
	サイコロの応用	p.84〜86
	座標平面	p.86
	三角形ができる確率	p.87
	三角形の成立条件	p.87
	三角形をつくる場合の数	p.70〜71
	3方向に進む道順	p.72
し	四角形の場合の数	p.70
	じゃんけん	p.83〜84
	樹形図	p.60〜61, p.66, p.68〜70
	順列	p.63, p.65
す	「少なくとも〜である確率」	p.77, p.79, p.83
せ	整数解の場合の数	p.69
	整数解をもつ確率	p.85
	正多面体の道順	p.74
	漸化式	p.74
	全事象	p.67, p.77, p.79, p.83
た	宝くじ	p.91
	「たす」と「かける」	p.62
	ただ1つの解をもつ	p.85
ち	直角三角形となる確率	p.87
	直角三角形の個数	p.71
	直線の方程式	p.85
て	デカルト	p.75
と	同時に起こる	p.62
	同時に起こる確率	p.80
	同時には起こらない	p.62
	同時には起こらない確率	p.80〜81
	同様に確からしい	p.76
	遠回りしないで行く道順	p.68
	鈍角三角形となる確率	p.87
	鈍角三角形の個数	p.71
な	なぜ「かける」なのか	p.63
に	2個のサイコロ	p.61
	2直線が1点で交わる(確率)	p.85
	2直線が重なる(確率)	p.85〜86
	2直線が平行になる(確率)	p.85〜86
は	場合の数	p.60
ひ	表	p.61
ふ	プレゼント交換	p.88
ま	曲がる回数が決まっている道順	p.72
も	もどらないタイプ	p.61
	もどるタイプ	p.60
	モンモール	p.88
よ	余事象	p.67, p.77, p.79, p.82〜83, p.87
	余事象の確率	p.77, p.79, p.82
り	立方体の道順	p.73
れ	連立方程式の解が 定まらない・解がない・解がある	p.85

116

索引

数列編（p.94〜113）

い	1×2のタイルの並べ方	p.97
か	数がつくる三角形	p.103〜104
	階段の登り方	p.96〜97
き	規則性をもつ分数の列	p.98
	規則性をもつ分数の和	p.100
	行と列	p.105
こ	公差	p.94
	公比	p.95
	5角数	p.106〜107
	コッホの雪片	p.108
さ	3角数	p.102, p.107
	3項和数列	p.97
し	4角数	p.107
	シェルピンスキー	p.108
	初項	p.95〜96
す	数列(規則性)発見用のアンテナ	p.105
	数列を含んだ図形	p.108
	数列を見抜く	p.102
	図形をつくる数	p.102
せ	関孝和	p.113
て	デカルト	p.113
た	第1階差	p.107
	第2階差	p.107
と	等差数列	p.94
	等差数列の和	p.94〜95
	等比数列	p.95
	等比数列の和	p.95〜96
に	2項和数列	p.40, p.119
	ニュートン	p.113
は	パスカル	p.104, p.112
	パスカルの三角形	p.104
ふ	ファレイ数列	p.92, p.99
	フィボナッチ	p.40
	フィボナッチ数列	p.40, p.96〜97, p.118, p.119
	フィボナッチからトリボナッチへ	p.97, p.119
	増える図形	p.106〜108
	フェルマー	p.113
	フォードの円	p.92
	フラクタル図形	p.108
ゆ	有心六角形	p.106
ろ	6角数	p.107

問題1（問題は ☞ p.110）**略解**

図形アを360°回転させてできる立体の体積を[ア]のように表すとすると，求める体積は，図1〜図3より，

 [凹五角形 ABFDE]
 =[凹五角形 BFDKH]
 =[台形 FDKI]+[台形 FBHI]
 =[△AFI]×7+[△EFI]×7
 =[△AFE]×7
 =$\left(\dfrac{1}{2}\right)^2 \times \pi \times 2 \times \dfrac{1}{3} \times 7 = \dfrac{7}{6}\pi$

 $\left(\pi=3.14 \text{ とすると } \dfrac{1099}{300}\right)$

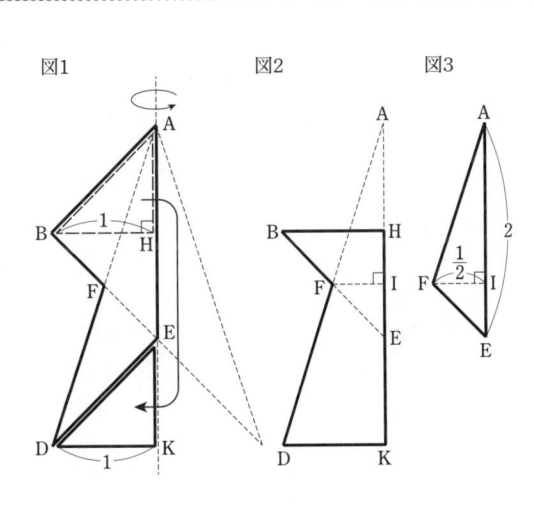

図1　図2　図3

索引

発想・着眼等のキーワード

関数編

え	x 座標の平均, y 座標の平均	p.37
	円の中心の座標	
	→ 2つの弦の垂直二等分線の交点	p.46
か	外心の座標	
	→ 2辺の垂直二等分線の交点	p.48
	角の二等分線定理などで	p.57
き	切ってたす	p.32
さ	三角形に変形して二等分	p.35〜36
	座標平面に置く	p.52〜53
す	垂線の足 H の座標を求めない	p.30
	垂線の足 H の座標を求める	p.30
	垂線の式を求めて	p.57
	図形を座標平面に置く	p.52
	図形の証明問題を座標平面に置く	p.53
た	ただ 1 つの解をもつ	p.56
ち	直交(垂直) ↔ 傾きの積が -1	p.17
て	点の動きを座標平面で追う	p.52
と	等積変形して	p.33
	等積変形で	p.34〜35
な	内心の座標	
	→ 2つの角の二等分線の交点	p.47
は	半分の面積を求めて	p.34〜35
	<媒介変数>を消去する	p.50
へ	平行 ↔ 傾きが等しい	p.16
	平行四辺形にして二等分	p.37
	辺の比から	p.34
ほ	放物線と直線の交点の x 座標から直線の式（傾きと切片）を求める方法	p.24
ま	まわりから引く	p.32
	面積の半分を求めて	p.34
よ	45°定規形だけで	p.57
れ	連立方程式の解(交点 A, B の座標)	p.16, p.23
	連立方程式を解く(直線の式を求める)	p.14

確率編

し	樹形図ですべて書き出す	p.66
	樹形図＋計算	p.66, p.69
せ	セットでまず考える	p.65
と	隣り合う → セットでまず考える	p.65
に	2 段階方式(選び出し＋並べかえ)	p.66
は	はじめから数える	p.89

数列編

か	各項を個々に見て	
	→ 積をためす・累乗をためす	p.105
	各項を見比べて	
	→ 差をとる・和をとる・比をとる	p.105
	各項でなくグループで見て	p.105
	各段ごとに計算	p.104
	各段までの和(累積)を計算	p.104
す	数列(規則性) 発見用のアンテナ	p.105

❖ パスカルの三角形を観察する

フィボナッチ数　1, 1, 2, 3, 5, 8, 13, …
──隠れている──

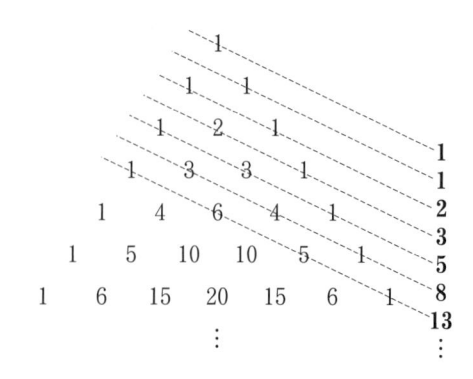

```
                    1
                   1 1
                  1 2 1
                 1 3 3 1           1
                1 4 6 4 1          1
               1 5 10 10 5 1       2
              1 6 15 20 15 6 1     3
                   ⋮               5
                                   8
                                  13
                                   ⋮
```

118

索引

公式・準公式

関数編

- ◇ 座標平面上の2点間の距離 …………… p.53
- ◇ 三角形の面積 …………………… p.32〜33
- ◇ 台形の中心の座標 ………………… p.37
- ◇ 2次関数の変化の割合 ……………… p.20
- ◇ 2点の中点の座標 …………………… p.11
- ◇ 線分を分ける点の座標 ……………… p.11
- ◇ 2点を通る直線の傾き ……………… p.15
- ◇ x切片p, y切片qである直線の式
  ………………………………… p.18
- ◇ 傾きがaで(p, q)を通る直線の式
  ……………………… p.19, p.57
- ◇ 2点(x_1, y_1), (x_2, y_2)を通る直線の式
  ………………………………… p.19
- ◇ 放物線$y=ax^2$と直線$y=mx+n$の交点のx座標がp, qであるときのm, nの値
  ………………………………… p.24〜25
- ◇ 放物線$y=ax^2$と直線PQの交点のx座標がp, qであるときの直線PQの式 …… p.25

確率編

- ◇ A・Bともに起こる場合の数 ………… p.63
- ◇ n個からr個取る順列($_nP_r$) ………… p.63
- ◇ n個からr個取る組合せ($_nC_r$) ……… p.64
- ◇ 円順列 ……………………………… p.65
- ◇ 和の法則 …………………………… p.80
- ◇ 積の法則 …………………………… p.80
- ◇ かく乱順列の個数 ………………… p.89

数列編

- ◇ 等差数列の第n項 ………………… p.94
- ◇ 等差数列の和 ……………………… p.95
- ◇ 等比数列の第n項 ………………… p.95
- ◇ 等比数列の和 ……………………… p.96
- ◇ パスカルの三角形のn段の総和 …… p.104

問題2（問題は☞p.111）略解

1から9までの9枚のカードから4枚取り出す順列は，$_9P_4=9\times8\times7\times6$，4けたの整数で，千の位が1，百・十・一の位が8，7，6，…，2である数は$7\times7\times6$個，百の位が9，十の位が5，4，3，2である数は，4×6個，百の位が9，十の位が6，一の位が5，4，3，2である数は4個．

よって求める確率は $\dfrac{7\times7\times6+4\times6+4}{9\times8\times7\times6}=\dfrac{23}{216}$

知らない人向けの数列クイズ

次の数列の□は？
0, 2, 3, 2, 5, 5, 7, 10, 12, 17, 22, □, …

▷数列クイズの答え

数列1, 1, 2, 3, 5, 8, 13, 21, … は最も有名な2項和数列（フィボナッチ数列）．数列0, 2, 3, 2, 5, 5, 7, 10, 12, … も2項和数列の仲間で，ペラン数列という．ペラン数列の2項和は，「2つ前」＋「3つ前」．答えは，□＝29

あとがき

東大の理論物理学の先生がこんなことを書いている.

◇ 受験勉強で養われるマニュアル的能力は実社会においてもしばしば必要とされます. ただし, その能力だけでは, 創造性を発揮し, 新しい何かを生み出すことができないのも事実なのです. 受験勉強で鍛えることができるのは, 課題として与えられた知識やスキルを効率よく身につける「マニュアル力」です. この能力を鍛えることは, たしかに意味のあることです. 私のいう「考える力」を身につけるための基礎力になりますし, 創造力を発揮するための土台になります.

◇ 本書ではこのような「答えが一通りに決まっている問題を与えられた時間内に効率よく解く能力」, あるいは, 「ある課題をルールやマニュアルに従って, てきぱきと処理する能力」を「マニュアル力」と呼ぶことにします. マニュアル力は, 「答えがある」, 「正しい手順が決まっている」という場面では素晴らしい威力を発揮します.
(『東大物理学者が教える「考える力」の鍛え方』(上田正仁著, ブックマン社)

著者は, 大学での学びや社会に出てからの学びは, 高校までのマニュアル的勉強法では通用しないということを説いていて, 自ら考える力をいかに鍛えるか, というのが本書のメインテーマとなっている. その著者は, 答えがある問題を時間内に効率よく解決するための手順のことをマニュアルと名づけ, そのマニュアルを上手につかいこなす能力をマニュアル力と呼んでいる.

マニュアルというのは, 普通, この<こういうときにこうする>という手順を整理したものを指す.

数学の入試は, 自由な創作活動とはちがう. 答えがあるかどうかわからないテーマを追う作業でもない. 答えはあるとわかっている. 入試問題は<こういうときはこうする>ということが実現できれば正解に至る, というようにつくられている.

深く理解するには, 思考は欠かせない. また, きまりきった手順では解決できない問題の解決の糸口を見出すのも思考である.

しかし, 時間制限のある入試のその場での思考は, あくまで<こういうときはこうする>という手順の先にあるもので, その手順があやふやでは思考が力を発揮する前に勝負が決まる.

数学を勉強する受験生は, 記憶力, 思考力などの個人の資質がちがい, 学んできた環境がちがい, スタートもちがう. そして, 当面のゴールである志望校もそれぞれちがう.

学んできた環境も現時点での学力もちがい目標もちがう受験生たちにとって, 自分に最適の<これぞ自分の勉強法だ>とか<これぞ自分が求めていたマニュアルだ>といえるものがどこかに都合よく用意されていることはない.

そこで…, 割り切るしかない. 自分に最適の勉強法とマニュアルは, 自分でつくっていくのだ, と.

基準も制限もない. 好きなように自分流の勉強スタイルと自分専用のマニュアルをつくっていけばよい. そのスタイルが形づくられマニュアルが整備されていくにつれて…, <最近, できるようになってきた>と, 受験生は実感することになる.

* * *

本書は, 月刊誌『高校への数学』に連載した記事をまとめたものです. まとめるにあたって, 編集部の十河(そごう)さんには大変お世話になりました. 世の中の普通の出版社では, 書籍の全体の構成や各ページのレイアウト, また文字の校正などの面から執筆者を支える人たちのことを編集者というのですが, 東京出版の場合は同時に自ら執筆する人たちです. 十河さんも執筆・編集を長年手がけてきたベテランの1人で, 連載記事の担当をしていただいた流れで, 本書の成立に至るまで, 執筆・編集の両面から貴重なアドバイスをたくさんいただきました. ありがとうございました.
(望月 俊昭)

高校入試　**数学ハンドブック／関数・確率編**

平成26年 1月20日　第1刷発行
令和 3年11月30日　第3刷発行

著　者　望月俊昭
発行者　黒木美左雄
発行所　株式会社　**東京出版**
　〒150-0012　東京都渋谷区広尾 3-12-7
　電話 03-3407-3387　振替 00160-7-5286
　https://www.tokyo-s.jp/

整版所　錦美堂整版
印刷・製本　技秀堂

　落丁・乱丁の場合は, ご連絡ください.
　送料弊社負担にてお取り替えいたします.

©Toshiaki Mochizuki 2014 Printed in Japan
ISBN 978-4-88742-203-2